月下花开

闻章 著

河北出版传媒集团
河北教育出版社

图书在版编目（CIP）数据

月下花开 / 闻章著. -- 石家庄 : 河北教育出版社,
2020.9
ISBN 978-7-5545-6010-5

Ⅰ. ①月… Ⅱ. ①闻… Ⅲ. ①人生哲学—通俗读物
Ⅳ. ①B821-49

中国版本图书馆CIP数据核字(2020)第174374号

书　　名　月下花开
作　　者　闻　章
出 版 人　董素山
策　　划　张　辉
责任编辑　王　磊　姬璐璐
出版发行　河北出版传媒集团
　　　　　河北教育出版社　http://www.hbep.com
　　　　　（石家庄市联盟路 705 号，050061）
装帧设计　披兰文化
印　　制　石家庄海德印刷有限公司
开　　本　889mm × 1194mm　1/32
印　　张　7.5
字　　数　120 千字
版　　次　2020 年 9 月第 1 版
印　　次　2020 年 9 月第 1 次印刷
书　　号　ISBN 978-7-5545-6010-5
定　　价　88.00 元

序

闻章，靳氏文章者也！河间府，《诗经》乡，太平庄村泥土崽，毛公书院读书郎。外拙内秀，勤苦顽强，庄稼地里长大，至诚至善阳光。

八十年代，文学青年，作家班，苦学问道，沧州城，羽习成翔。一篇《鲍二嫂》，发表，转载，获奖，文脉激扬，一路欢畅。

中年以降，落户石门，办农家报纸，写大块文章。解《周易》，释老庄，攻佛典，叩门墙。心追徐老，写《张嘎之父》；笔问韩翁，参《三个和尚》。徒步朝五台，白发进西藏。印度留行迹，精神追玄奘。恒河数沙，母祠打坐，灵山献花，祇园梵唱。菩提树下，悟参不二法，正觉塔前，仰观无上相。

未言先笑，慧语连珠，为人解惑，哲思妙想。书得真率之率，画现玄想之想；心无挂碍，步步莲花，大象绚烂花开堂。

郑君道：闻章这个花痴！

放翁曰：唯痴方为大匠！

刘小放

庚子七夕于石门

花融梦入联

释文：

花融月色，

梦入蒹葭。

自序　看柔毫开花

觍着脸说，我算是半个文人，若不觍脸，连半个也不是。为什么？因为文不到位。文人墨客，在古人是一回事，因为文人都弄墨。现在的文人，离墨远，远到不知啥是墨。没有想到，如今的我，竟然也弄墨了。虽然弄墨，却连半个墨客也不是，再觍脸，也不是。

墨客不墨客且不管他，只是我有惊喜在，有惊险在。惊喜与惊险是我的柔毫开出的心灵之花。如今即说这个。

笔是任丘出的，叫“草帽崔”，墨是“一得阁”，画小画的时候，使舍了“一得阁”，自己研墨。在研墨的时候，有时想到古人心致，分别在我不穿长衫。墨研毕，笔膏好，之后开始了我的书写或者涂鸦。膏笔的“膏”，我更愿意它是告诉的“告”，把人的意思告诉笔。告诉的过程即是心灵交接的过程，若不告诉，笔不知意，怎么把意思写出来。膏笔即是蘸好墨之后，把笔在砚台上点点戋戋调试，与其说是在调试笔锋，不如说是调试心灵，好让那意思瞬间拿稳。因此，墨客过程上的事，即便多么微小，也不可忽略。你忽略了它，它也便忽略了你。告诉的事，尤其不可忽略，因为这属于相信，因相信而尊重。尊重谁呢？尊重笔墨。说是尊重笔墨，其实是借尊重笔墨来尊重自己。因为人不能草草而活，人得自信、自尊。自尊而尊人、尊物。尊得严密了，才得尊严。笔墨是人格心灵的体现，若少了信和尊，成什么样子？

现在是说现成话，我当然有草草的时候，或者说，草草的时候还很多。人没活在自觉里，是一大问题。所以我的书画，到现在也乏可观者。但也已经有喜悦了。每当书写的时候，有多么好，那是个流淌的过程吗？应该说，是流淌，但是在滞塞中流淌。在意中是流淌，离开了意，即滞塞。虽是滞塞，却也是流淌中的滞塞，此也是意思的一部分。中国的笔墨，真的是千变万化，有着无限的可能性。这无限的可能性，即在起承、转合、提按、行止中，亦在干湿浓淡中，那真是宇宙那样，无穷中还有无穷。

真的是惊喜连连、惊险连连。惊喜之惊与惊险之惊是一个惊，却是两个效果。惊喜是因为出乎意料，想不到的东西倏尔现前，因而喜出望外。惊险呢，也是因为出乎意料，一下子坏菜了，真的是一粒老鼠屎坏一锅汤。但惊喜与惊险恰是一个意思。其意思在于，书写是活的。活的，即是不可知的。惊喜与惊险皆在不可知里。

可知是成法。比如王羲之，王羲之用的是活法，他成了。我们尊重王羲之，所以也应该用活法，而不是用王羲之法。用王羲之法，即是对活法的不尊重。对活法的不尊重，即是对王羲之的不尊重。成法即死法。好多人临帖、临画，摹古人意，好极了，因为他知道什么是好。对不对，不在临不临帖、摹不摹古，在于师心还是师迹。我是想师其心而不得，想师其迹也不得的人，所以不足为训。我只活在自己这里，像桃花源里的人，不知有汉，无论魏晋。却也不敢狂妄。我只是看着我，一个丑老汉在写着丑字画着丑画。一则以喜，一则以惧。

但喜会变化。当初为之喜的东西，过了两年甚或过了两天再看，已经不再喜，而只剩下了惊。惊之后是羞臊，无地自容的那种。特别是那些已经挂在别人家墙上的东西，真的不敢看，也怕别人看。你愿意撕了它，烧了它，千刀万剐了它，却已经不可能。到这时候，我才明白，韩羽先生告诫过的“写得不好，不可送人”有多切要。问题是，当初我竟以为好呢，可见当初的我是多么鄙薄！还有问题是，明日看今，犹今日看昨，谁保证我现在就不鄙薄！你说多可怕。

可怕归可怕，却也不悔。不仅不悔，且乐此不疲。书写的状态，通着心灵，心灵的圆融，乃我所期。书写并不重要，它是因为连着重要的东西所以才重要。在此意义上，我才敢说，看柔毫开花。它已经是我生活中的一个向往，是心灵行进中的一个抓手。所以不敢轻慢。

说到这里，必须要说到一个人，这便是韩羽先生。我是到了近五十岁还没提笔，对于笔墨，已经绝望。因为屡有墨客示知：几岁执管，且家道渊源不可小觑。我一农家孩子，粥香尚不足，何况墨香。及到知道墨香高于粥香了，却又年纪老大。悲也夫！叹也夫！正在此时，巧机缘中，韩羽先生郑重告诉我：书写之要，不在于年头，甚至也不在于案头，而在于心头，“在于学识与悟性”。他为破我迷执，不惜重锤，说好多人在“重复错误，巩固错误”。韩翁一番话，如惊蛰之雷震，使伏泥之虫，朦朦然顿生龙想。

由此开始了我的书写。提笔之先，韩羽先生用几天工夫，给我铺垫。在他那里，也许只是平常，在我这里，却也如佛陀拈花，得的全是不传之秘。在书写过程中，沟沟坎坎，紧要时刻，我也不顾韩羽先生闲忙，夹了习作，让他那根点石成金的指头，戳得纸头响。他鼓励我，偏爱我，却也不让我成为他。我当然也成不了他，但我也已经不是了当初的我。

八大山人《题桃花》诗：“天下艳花王，图中推贵客。不遇老花师，安得花顷刻？”我觉得这诗，实该我写。

人顷刻，花顷刻，但有个不顷刻的，这便是人间那点真意思。

为这点真意思，大概才有书画之事。

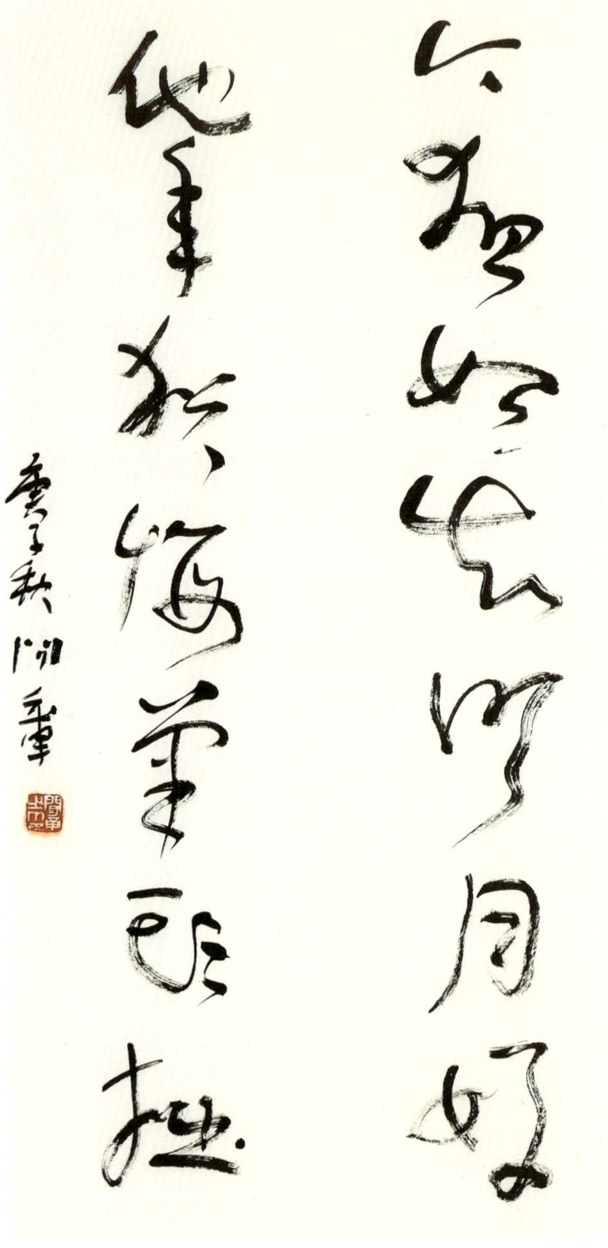

今夜他年联

释文：

今夜始知明月好，

他年犹悔笔头拙。

目录

第三辑 人与花同

第四辑　花开月现

附　独享芬芳

第一辑　明月临窗

我的人生非常幸运，
每到关键处，总能遇到贵人，
因此你想不成长都不行。
只是我愚笨，
但这些贵人并不因为我愚笨就放弃我，
而是时时在成就，用各种方式。
我深怀感激，没齿难忘，
但大恩难酬，
因此很少提起，
今值“月下花开”，
应机透露一些。

石上栽花

我这一生能够弄文字，全赖沧县文化馆的崔守禄先生。现在我知道当初我有多狭隘，多浅陋，多无知，当时不知道。崔老师知道吗？肯定知道，但他不嫌弃。他像爱儿女那样爱我们泥土中的这一群，几年后，这群人中竟然走出好几位作家、编辑。

崔老师是在石上栽花。

顽石上如何栽花？崔老师是靠一颗柔心把石头软化成泥,所以才有花开。

由此知道，世界极简单，只要有爱意，一切现成。

自是神仙骨

释文：

芳心尘外洁，
道韵雪中香。
自是神仙骨，
何劳更洗妆。

凤凰时代

孔子的一句“郁郁乎文哉！吾从周”，让人联想，真不知周朝会有多好。中华到周时，宪章文武已经完备，社会无可挑剔了。在此之前，似乎阴阳未判，人神合一，天地混沌得令人神往。天地间翔着龙和凤凰，“天垂象，见吉凶，圣人象之；河出图，洛出书，圣人则之”，于是禹作《洪范》，以五行八政归纳天下，像治水似的就把天下治了。那时人简单，人简单天地就简单，天地简单事情就简单，而简单恰是道的本意，所以那时的简单恰是不简单。

为什么要说周朝，是因为我感觉我当时所处即应该是周朝，我那么无知，那么简单，浑沦却美好，视尘埃为空濛。这时遇到郭洪岐先生，那时他在沧县县委当副书记，主管工业。而我是沧县交通局的一名临时工。一次偶然的机缘，他看到了我写的几首小诗，对人说道："这是个人才。"不是说给我听的，却被我听到了。说实在话，他这句话给我的人生垫了底。由此，我就按"人才"的意思努力，不然他的话就落空了。我不能让他的话落空，他的话落空也许没有什么，但我却恰恰活在这句话里。

说完这句话后，他就离开了沧县，我却像达摩一苇渡江那样，以这句话做了我的依持。只是到现在我也不敢说我是人才，但我却一直感恩于他，但最大的感恩是我成为人才，我若成了人才，感恩的事自然成就。所以我不敢稍有懈怠。曾为此拟了一副联，道是："禹作洪范五行八政天垂象，凤鸣岐山武略文韬吾从周。"把他的名字嵌进去，借此表达我的敬意。

春 风 里

和徐光耀先生结缘，是在 20 世纪 80 年代末，那时我在泊头市文联工作，一次来河北省文联开会，在九州宾馆会议室，临近开会时间我一脚踏进门，不想只有他一个人坐在沙发上，我一下怔住，进而不敢，退而不能，窘在那里。他招呼我过去，让我坐在他的旁边，说了几句闲话。很快要开会，我忙找机会离开，他拉住我说："就在这就在这！"我还是坐到我以为应该是我坐的地方去了，但他给我的印象很好，很温暖。

就这样开始写信，他每次都回很长的信，跟我说好多话，一点儿都不把我当外人。很快《长城》要我来帮忙，离他近了，成了他家的常客。那时他还在任上，很严厉，据说好多人不敢到他家见他，甚至过春节他也不让人前来拜年。但我每次去，他都欢迎、都高兴，我常常一待一两个小时，甚或更久，有时阿姨还专门给我一个人做好了饭，让我吃了再走。

再后来，我来石家庄工作了，我们见面就更方便了。他处处关注着我，相信着我，在我成长的路上，我如一棵小草，

牡丹图

释文：

人人都说此花好，

我有心花胜此花。

他是春风。我都说不清他帮了我什么，他也不用单独帮，时时处处，我却感觉到在一个巨大的温暖里。

我从来没有把他当领导看，他也从没有把我当客人。我办报，第一篇大文章是拿他来做题材，写成《谁是小兵张嘎的原型》。我出书，他给作序。我写字，他送我砚台。我也把第一幅成形的字写给他。我的每一个动作，他都支持我，鼓励我，帮助我。我写小说刚出一本集子，他来信告诉我："在海南时，曾与铁凝谈起你的小说，她以为，你写农村的作品，最可珍贵。"又指出我集子的后半部，不够自然。他希望我"能更多地倾听生活的声音"。

退休后，他每周六到旧物市场去逛地摊，我也去。我跟着他转，或者也可说他带着我转。他骑车离开时，每每都是我送他，直看他背影消失。他到西山去住，星期天我骑车去看他，我们一起去挑山泉水，他为我做饭，他领着我这家那家去串门，领着我在山上走，一前一后，俨然父子般。他在山上写《昨夜西风凋碧树》，似乎我是唯一见证者。他在一个饭店里做八十大寿，只有家人和两三个朋友，我即是这两三个中的一个。

就这样自然而然，双方都没有动过任何心思，这应该是人与人之间最本真、最纯粹的关系。就这样累积到了一个程度，我才有了写老先生的资本，他也没让我写，是我愿意写。先是写短文，后来有传记《小兵张嘎之父》，再后来又与潘海波等人一起，整理出版十卷本的《徐光耀日记》，一切一切都是水到渠成，都是应该，没有一点儿东西是勉强的，没有一点儿想法是杂有私念的。我以为我懂了他，所以才敢写。我说他到关键时候知道放下：抗战时是把肉体生命放下了，因此才勇敢，因此才不死，《平原烈火》是反映这一段的；写《小兵张嘎》时是把荣辱放下了，因此作品才那样纯粹，那样阳光；写《昨夜西风凋碧树》时，是把个人恩怨放下了，因此他才能够站在民族和人性的高度来反思当时的一切；出版《徐光耀日记》是把个人隐私放下了，他把原本的自己“暴露”无遗。把他的一生用作品连起来，我写文章说他“一生在花季里”。因此我给他拟联，从“树因西风悲昨夜，枪为北斗横当年”开始，到“嘎子家乡嘎子父，赤心世界赤心儿”，前后拟有十几副，其中一联说他：“若干年前经历些是非事，八十岁后不再有生死心。”就这样到今天，整整三十年还多，我与他的关系，依然如初，一切一切都彼此在心里。他老人家今年九十五周岁，我祝愿他长长久久，硬硬朗朗，开开心心，让每一个日子都成花朵。想了想，这其实是我的自私，因为我还需要成长。

恼人偏在最高枝

知道韩羽先生，是在1980年早春。读到一份《河北日报》，上面刊发他的一幅画作《冷月葬诗魂》，那时的印刷还很低级，效果模糊，但给我的印象却如电击一般，让我吃惊。但我那时根本不懂画，也无喜好，怎么就对这幅画这么有感觉？真的莫名其妙。从此记住了“韩羽”这个名字。不想多年之后，竟然就真的认识了他，且每每亲承謦欬，或当头棒喝，或细雨侵竹，或取譬设喻，真是“匪面命之，言提其耳”，即便顽石，也该点头频频矣。

对于文章做法，我知道他是标杆。但我却写不好。他竟然以身做靶子，同意我写他。有外省某出版社的写家在宾馆住着，准备写他。他对人家说：“你请回吧，有人写我。”然后打电话告知此事。我是想写他，但我怎敢写他？我怎能写好他？硬着头皮写了，出版之后，我感觉不像。他却说：“按图寻迹，颇为肖似。”并把书寄给他的好多位朋友。十年之后，我再写他，这次他没有多夸我，我却知道他这时恰是满意的。因为，关于我的文字，他曾几次书面告知我。

2015年，《河北日报》发表我写他的《恼人偏在最高枝》，他将两行字写在报纸上：“河出龙门，一泻至潼关。东屈，又一泻至铜瓦。再东北屈，一泻斯入海。当其出伏而转注也，千里不止，是谓大曲折。行文亦然。”他把报纸送我，说读了我的文字，想到这段话，这是毛泽东年轻时说的话，乃作文道理。就此话题，说啊说啊，说了很久。

2017年，《河北日报》发表我读他的新著《画人画语》后的文字《你中有我，我中有你》，他在报纸上朱批：“闻章兄，有了你这篇文章，我这本书总算没白写。”这是多大的鼓励！

2018年秋石家庄惠民书市《韩羽集》新书发布会上，当着那么多人的面，韩羽先生说："我和闻章是知己。"这时我写他的传记《我画我的》也同时出版，他就用这样的方式肯定了我。

我人至半百，半生蹭蹬，错过摸毛笔的机会。以为此生与书法无缘了，此时是他让我拿起笔。他告诫我说："写字不在练多少年，而在学识和悟性。"我仍纠缠于书家须临帖不辍之窠臼，他告诉我："好多人在重复错误，巩固错误！"经此一棒，始见顽石动也。

关于书法，他给我连讲四天，却不告诉技法，说："别问我这个，技法三天就弄明白了，剩下的就不是这个了。"由此我开始了我的笔墨行旅。每到关键处，我就拿几纸字，前去求教。他就点我，或话语滔滔，或一句半句，如禅家的当机设语，如医家的应病与药，一切看我需要。

出版我的题拓《不知有汉》，他写了长文，说对我题拓的感受，最后说到我的书法：

再看闻章的草书。唐诗云："潮落夜江斜月里，两三星火是瓜洲"，没有"两三星火"，怎得显现出"夜江"上的"瓜洲"，草书就是闪烁于拓片间隙的"两三星火"。好个"星火"，轻重疾徐中规，提按顿挫有序，如散珠之旋转于盘，纵横跌宕之姿，疏密相间之度，高下抗坠之势，进退自如之韵，凡所有助于书法线条之美感者，集矣，全矣。忽想起以往通电话，问他："干啥哩？"他说："写字玩儿哩。"一个"玩"字，竟玩得如是风生水起，感而慨之，借前人诗以赞之："到老始知非力取，三分人事七分天。""天"者，"天分"也。天分之于"玩"有关联乎？

看来我只有好好写，也只有写得好好的了，不然怎么对他这殷殷的期许。

我的画也是，到关键处，就让他来指点。突然画一幅《钟馗读书》，他逢人便说："读书好画，但使劲读书怎么画？但闻章画出来了。"但他又怕我把画画之事看简单了，随后又点破："他这是瞎猫碰到死耗子！"又怕我灰心，反过来补上一句："但你们碰碰试试！"直到这次《月下花开》画展，他给题写展名、书名，但同时告诉我努力方向，一定要弄懂绘画语言，不能凭小聪明，小聪明难成就大事。

文中所提，只是九牛一毫，也只能九牛一毫。他说了好多好多话，我只是听，不用笔记，更不录音。只能是记着的，算是他说了，不记着的，算他白说了。

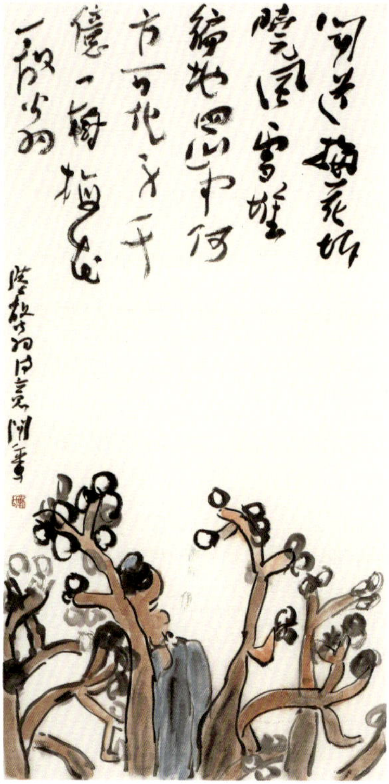

一树梅花一放翁

释文：

问道梅花坼晓风，
雪堆遍地四山中。
何方可化身千亿，
一树梅花一放翁。

告 诉

于书画，我一直想懂，但一直不懂。回头想想亏了这不懂，若是懂了，还敢造次吗？

放纵我的是韩羽先生。他鼓励我，鼓励到我跃跃欲试，我问他字怎么写，他却不告诉。不是不告诉，他面对面给我连着说了四个下午。他话语滔滔，我毕恭毕敬，一个说，一个听，两人都投入到十分。可是他讲了什么呢？四天下来，由于太过专注，反而一句话没记住。我们俩就这样完成了一件大事，说大，是因为关系到传递。传递之事，从来是大的。也许正是因为大，才扪之无声，睹之无形。

当年和尚香严，苦问师兄禅法，师兄竟不露一言。香严惭愧至极，只好自搭茅棚，权做一无聊粥饭僧。一日锄地，将瓦片扔到园外，“当”的一声，击在竹子上，刹那间，香严大悟。悟了之后，急忙冲着师兄的方向顶礼，说道：师兄呀师兄，亏了您没告诉！

故　事

韩羽先生教我写字，却从不教技法，他怕我因袭。他也不说怕我因袭，只是不教，却一次次给我讲故事。故事里有技法吗？没有，故事里有意思，故事是一层意思，故事引发出来的会有好多意思。他也不说有哪层意思，你知道哪次算哪层。即便哪层也不知道，他也决不说另有意思。

临济义玄禅师，以“喝”著名。临迁化时说：“吾灭后，不得灭却吾正法眼藏！”徒弟三圣站出来说：“争敢灭却和尚正法眼藏！”义玄禅师问：“以后有人问你，向他道什么？”三圣便喝。义玄禅师说：“谁知吾正法眼藏，向这瞎驴边灭却！”

禅法无法，无法才是禅法，临济一喝，是活法，三圣一喝，不是活法。

禅法如此，书法也如此。

倔强的萨克斯

我刚用毛笔写字，总写总不成。到底有一天，写成一幅，自己觉得好。正好河北省书协成立，欲办书法展，我跃跃欲试，但又怕字拿不出手。于是把字拿给韩羽先生看，让他说行不行。

他也不说行，也不说不行。而是讲故事：有三个人站在那儿吹萨克斯，声音齐整。突然穿皮靴的一个人“咯噔，咯噔”前来，手里也拿着萨克斯，挤进队伍就吹。但吹的是另一个调。三个人生气了，把此人赶跑。没想到，没过多大会儿，这人又来了，依然站在队伍里吹，依然吹别调。三个人气坏了，把此人使劲塞进萨克斯的喇叭筒里，之后一个大脚踢出去，这个人变成一道弧线，很久之后，就听遥远处传来“咚”的一声，大概是撞山壁上了，心想这人肯定回不来了。三个人继续吹。不想，这个人“咯噔，咯噔”又来了，站在队伍里继续吹他自己的调，且声音很大。这三个人没办法，只能一起吹，吹着吹着，都吹成了这个人的调子。

出了韩羽先生家门，我就成了那个穿皮靴的萨克斯手。

劈 柴

写到节骨眼儿，就把字拿给韩羽先生看。有时说，滔滔不绝，说字本身，说与字有关的，或者有时会说到孙二娘，他说孙二娘时其实也是在说字。有时不说，不说不是不说话，而是不说字。说别的，好像没看到我的字一样。说别的我就听别的。

有一次给我讲了一个“劈柴”的故事：古代一次大战，人都死得差不多了，唯剩下一位受了伤的将军和一个埋灶烧火的伙夫。此伙夫惯用铁叉插劈柴，每次舞铁叉插劈柴百插百中，把叉子上的劈柴直接扔进灶膛，不偏不倚，全无障碍。眼看着敌人又冲上来了，将军对伙夫说：“你，去插了那些劈柴！”伙夫听命，挺起铁叉，冲向敌阵，伙夫如入无人之境，在他眼里，不管是兵是将，不管马上骑的还是地上跑的，全是“劈柴”！他是插一个又一个，插一个又一个……最后竟获全胜。

庖丁眼里无全牛，伙夫眼里无非“劈柴”。

字画是劈柴吗？要它们成“劈柴”，你得先成“伙夫”。

高　明

韩羽先生教我写字画画，从来不教技法，问也不答。他说“这个别问我，技法问题，三天就弄明白了，剩下的就不是这个了。”

现在看来他真是高明，他若是教我技法，那肯定就把我教成他了。把我教成他算成就我，还是毁灭我？其实是毁灭。以成就的名义毁灭。现在好多人在做毁灭他人的事情，而还以为是功德。

也许有人会问：“关键是你学出来了吗？”

我也学学赵州禅师，曰：“今日不答话。”若是答，我就说：“起码我活着。”

入 室 操 戈

习字到关键时刻，我就拿给韩羽先生看，我知道，这是班门弄斧之举。

一次，韩羽先生说，“班门弄斧”是一个词，还有一个词叫“入室操戈”，不能老是“班门弄斧”，还要敢于“入室操戈”。

戈矛相向，刀枪对打，乒乒乓乓，真杀实砍。师父赢了，果然师父；学生赢了，更是果然师父！

何谓师？此才是。

三官图

释文：

愿得雄鸡唱，

花开几品红。

不败的花

我曾拟联来说我和邵燕祥先生：

以诗认师师恩我诗养我有谁似我，

持草问卦卦吝他草忧他无计安他。

先生有恩于我，什么恩？扶掖之恩。将近四十年前，我曾两次在《诗刊》发表诗作，先生那时是《诗刊》副主编。我一鼻涕娃能写诗，赖于恩师崔守禄先生，而崔守禄先生与邵燕祥先生是故交，我就这样在两位贵人间独享厚爱。自那时即仰望先生并有书信往来，每次到京出差必然想到他，但因种种理由没能去看他，说到底是不敢。

20 世纪 80 年代末，其时我正读《易经》，也试着占卜。因惦记他，在一夜间，曾为他卜筮，并把结果告给了他。后来，他专为此事写诗并书成条幅寄我：

犹忆当年赠卦时，天人分际果先知。

生逢奥斯维辛后，难写风花雪月辞。

其实我哪里会占卜，不过是游戏，但态度是真的，具体卦象我都忘记了，但先生还记着。

有了电子信箱之后，写信少了，逢年过节，我会给先生发信息，除了问候，还说这说那。终于在 2018 年 9 月 17 日，机缘成熟，我和潘海波等进京拜谒邵燕祥先生。见面礼必然要有诗，于是先把上面这首诗的和诗写了，吭哧吭哧又准备了另外两首，厚着脸皮就去了。

这不是班门弄斧吗？不怕丢丑吗？古人有言："路逢剑客须呈剑，不是诗人莫献诗。"弄斧不到班门怎能进步？再者，于我来说，几十年前就已经多次献过丑了，还怕这一回？

见面之后，他不相信我们是第一次见面，其实我也有同感。拟联时曾这样拟一上联"总想见总没见见后方信前生见过"，苦于拟不出下联，遂放弃了。先生已经八十五岁，但思维敏捷，妙语连珠，不时引人大笑。我们三个人与先生并师母，相谈甚契，说了很多话，照了很多相，并赠给我们他的新书，每人一本，一本一样，如医师的应病与药。

他看了我的诗了吗？当然，我是用大字抄在宣纸上，也不怕丑，主动给他读，他边听边看，呵呵笑，连连说好。我在他眼里总是好，不好也好。

万万想不到，两年之后的2020年8月1日，邵燕祥先生遽然辞世。去年，九十三岁的崔守禄老师去世时，他怕我伤心，还专门对我说："崔老师安详辞世，这是喜丧，该点红蜡烛的。难得他修的高寿，更难得神志清明，是非善恶，了然于心。"在疫情期间，先生还跟我说："有幸在垂暮之年，又赶上一轮全球大疫，这样，平生经历，战争啊，大饥荒啊，差不多齐活了。虽所遇够不上顶级（哪怕一项是顶级，早就死毬了，岂容还在此饶舌），但也都曾有切肤之痛，那擦肩而过的灾祸多也感同身受。假如我会写小说，就能把这些撼动心肺的事件绘声绘色地写出，我真的辜负了这好题材！"他还说："禁足宅家，偶尔有空，在脑海里放放个人的'电影'，说不上什么滋味，乃有人生'六如'（如梦，如烟，如泡影……）之感。"最后他叮嘱我："专家们警告，至少到年底都须毫不松劲地防病抗疫。盼你也多珍摄，切勿大意。全家健安是祷！"

是啊，大疫之年，风雨之世，"健安是祷！"我们都健安呢，可是先生他却走了！闻讯后我写了一篇文章，刊发在《河北日报》上，说他是一枝不败的花。人走了，但诗在，文章在。诗在，文章在，风骨就在，风神就在，馨香就在。

连年有余图

释文：

鱼为动，莲为静；

鱼为活，莲为敬；

鱼为福，莲为净。

若想鱼来，须住莲境。

明月应时现

我认识贾又福先生纯怪刘清秀多事，他想让我写贾先生，说我既然写了徐老又写了韩老，为什么不能写贾先生，你们还老乡呢。我跟他嘴上说不清，于是用笔说。我把我不能写贾先生的理由一二三写了，没想到他把这个拿给贾先生看了。这多尴尬！没想到贾先生有大包容，捎回一个纸条来，上写：“随心留形迹，任运着衣裳。”我回他：“明月应时现，莲花次第开。”这样的接洽方式，似乎古代才有。

第二年在北京一个活动场所看到贾先生，发现真是先生，其行状，其貌态，其谈吐，均能感化到我。

第三年农历八月，到西安参加贾先生的文献展，他写在纸上的几句开场白，让我明白了贾先生的绘画追求是什么。在中秋那晚，我与之说到夜深，回来写成《长安问月》。随后写了《画乃圣事》。再后来写了《肩挑明月横街去》和《自有诗心似水流》等。真的是明月应时现了，莲花也次第开了。

贾先生的鼓励，都是默默的。他到石家庄来，都要见见我，也不多说话，但说话都是有用的。吃饭时让我坐在他身边，他笑，我也笑。

他更喜欢用笔表达，在读了《肩挑明月横街去》后，在稿子复印件上写给寄给他稿子的谷律师："粗读闻章先生为文，深感倚马万言之妙笔，非凡俗之所能。"似犹有未尽之意，又专门写来一封长信，说："巽风吹来君之妙文，余心首契乾衷。由之，有兴再絮叨几句。"

"首契乾衷"我不懂，百度上一查，吓我一跳，我哪里担当得起？马上回信，表我之惭愧，之惶恐。

2017 年 9 月在青州，他对我及几位弟子说："一个大的信心，必须建立。我是遇到了李可染先生，若不是遇到李先生，我将一事无成。你知道李先生给了我多大的鼓励，他对我说：'我与你的关系，就是当年齐白石与我的关系。'这是多么大的信任和寄托！"

我听了，心为之动。贾先生遇到了，我也遇到了，他遇到了一位，我遇到了好多位，包括贾先生。"一个大的信心，必须建立"，我觉得他是专门对我说的。

遇　到

是的，开始了。

写书是一件很大的事情。对别人来说或许不大，对我却大，大到不可测，非我力所能逮，但我还是开始了。

为什么？因为这件事本身便是目的，用不着出发，就已经到达。

之所以有这件事，盖在我遇到了贾又福先生。

论地缘，贾又福先生的老家与我的老家离得很近，共有着一脉水土。论人缘，我曾有幸见过他几面。但有了地缘与人缘，并不能说，或者并不敢说就是遇到了。遇到是一种什么状况呢？好比照一面大镜子，你见一个人远远地冲着你走来，走近之后，突然发现那个人原来是自己。自己与自己不期而遇，自然有惊喜，但不全是惊喜，还会有惊惧。为什么还会有惊惧？因为人最不了解的恰是自己，别说内心，哪怕是表面：五官、四肢、走姿、声音、各种各样的习惯表情等，知之甚少。突然看到了，哎，这是谁呀？这是我吗？我是这样的吗？我若不是这样，那么我应该是怎样的呢？我若是这样，是对的吗？好多的疑问会随之而有。疑问若是浅，可以随他去。疑问若是深，就会有惊惧感，越深就越惊惧。事因惊惧而恭慎，因此《论语》中有“子之所慎：斋、战、疾”的话。斋、战、疾，都是大事，因大事而惊，因大事而慎。斋有事斋与心斋，心斋即好比自己见自己，尤其让人恭慎。我之见贾又福先生，犹如古人做心斋。

当然，我所说的见贾又福先生，不仅是说见他的人，更应该说是见他的心。他的心怎么见？他的心应该说全在他的画里。

然而，贾又福先生的画，我能说懂吗？我本就是个不懂画的人，之所以敢对画说三道四，是想借此说自己。正是因为是在说自己，才有惊惧及惊惧之后的恭慎。

恭慎只是一种态度，我只能在这前提下说话。此其一。其二，我或者永远不会懂得他，我只能懂我自己，这么说或许更确切，无论程度或范围，我只能懂得我能懂得的。

懂多少，我说多少。说对了，是他让我对的。说错了，是我使我错的。

这样一来，我就自由了。从我自己这里，到我自己这里，因此我才说：用不着出发，就已经到达。

醉秋

释文：

花间一壶酒。

小荷才露尖尖角

从文路上，不能不提尧山壁先生，他是我在省级报刊发表文学作品的第一位责任编辑。那是1980年，我虚岁三十了，好多大作家都是在这个年龄成名的，我却依然在泥淖里挣扎。

那时真有激情，一晚上能写几十首诗。我把几天的诗选了二十首，大胆寄给了《河北文学》，这是第一次给省级刊物寄稿，也没敢抱希望。不想几天后收到尧山壁的亲笔信，说："诗写得不错，留用四首。望你今后多写。并把简历说一下。"我遵命把简历寄上，不想又回一信，说："上次退回的稿可寄回来，在河北省诗专号《野草》上发。7月10日前寄来。"上次来信，并没激动，这次却激动了，知道遇到了好老师。

我们文学组的人撺掇我，必须把稿子送到省城，必须见见大名鼎鼎的尧山壁先生。于是于7月7日凌晨1点46分在沧州坐火车，绕道德州，8点42分到石家庄。这是我第一次进省城，似乎也是第一次坐火车。下火车后，坐8路车，9点半到编辑部，见了山壁老师。

他四十岁，身材魁伟，前额很宽，大眼睛。他倒了一杯水，说："我算着昨天来呢！"他询问我的基本情况，我介绍了我所在厂文学小组的情况，他看了我的诗稿。知道我没休息，开了一封介绍信，很细致地指给我招待所的去处，并让下午再去找他谈。下午到他办公室，对面坐着，听他跟我说诗。他嘱我多看新诗，多看外国诗。在一个阶段，要有一个目标，无论从形式上、内容上、思想上要追求，要下大功夫。他不健谈，时有冷场。冷场时我们就那么坐着，默默的。

我感觉他像一座山，有很难攀爬的那种高。

之后我们见面就多了，我上作家班，在《长城》帮忙，特别是我到调省城之后，每次到省作协，总是要见他的。他为作家们做了好多事，大家都记着。他也对我特别好，我也记着。直到现在，四十年过去了，我们还经常对面坐着，说话或不说话。不管说话不说话，都是好的。当年的那种纯真、厚朴，到现在依然不失，他不失，我也不失，我说不清这是一种什么状况，只觉得好。他是我见到的第一位著名诗人，于我进步有大功德。

仰 望

我学历低，是在做了作家之后，又读了两年的作家班，时在 1984 年到 1986 年。地点在廊坊师专，校长是汤吉夫。汤吉夫是作家，河北省作协副主席，正是由于他在廊坊师专当校长，作家班才被安排在这里。这个作家班开了全国作家班的先河，被称为“黄埔一期”。

汤先生身高一米八，器宇轩昂。我与校长的关系是照耀和被照耀的关系。在学校两年，我单独见汤先生的情景，几乎没有。因为我不敢。虽然不敢，但是我知道他是我命中的贵人。如日月照我，但日月不知。日月不知，但我知。

入学前，我已经察知到自己的狭隘与土气，决心要重铸灵魂。包括外在形象，也想一改前状。临行前，先买了一套廉价西服，半路穿上。在周末晚会上，也尽量出节目。尽管如此，

开怀对黄花

释文：

陶公归去来，
此志良可求。
开怀对黄花，
百事一笑休。
王冕诗句

也到底掩盖不了本身的土气，被人称为“永贵大叔”。想我当时，定是鸡立鹤群。料汤先生也会忽略掉我。终于班上办了一张小报，我在上面发表一篇小稿。这下校长的眼睛亮了，他在寻找哪位是靳文章。后来他在一篇文章中说：“我在那张报上发现了闻章的一篇习作……很使我感到一点儿惊讶，这小说的语言相当活泼，又用了一点儿意识流或心理小说的笔法，若不署名，就很难猜到这会是出自他的笔下。我从此便对他另眼相看起来。”1991年，我的小说集出版，汤先生慨然作序，借此预言我这个“质朴得有点愚”的人“快成气候了”。临毕业，我的毕业论文发表在《河北作家》上，有的同学到汤先生家，汤先生说，你们去看靳文章的论文！那是发自内心的肯定与擢拔。

后来汤先生调到天津，我在沧州，离他近，经常去看他。每年春节，也都在电话里给他拜年。无论是到他府上，还是在电话中，他跟我说这说那，打听同学们的近况，也告诉我哪位同学出了什么书，发表了什么作品。他对每一个人，都关注得那样真切。

近几年见他，发现他老了，体质越来越弱，腰也弯了，腿也不直了，每次见了心里很难过，也很感慨，那么一个堂堂硬汉，竟也能变成这样！但是，无论如何，也没想到他会这么快离开我们。仅在病床上三天，他就遽然诀别了这个他深爱着的世界，这天是 2017 年 11 月 19 日。

在汤先生追悼会上，由我作为作家班的代表致悼词，悲痛中我也不知道说了些什么，我只记得说，他走了，变成了天空。只要仰望，他就在，永远在。

我们入学那年，汤先生四十七岁，作家班的学员四十七人。从那时到他离开世间，整整三十三年，因此，我代表作家班全体同学拟了一副挽联：

四十七岁时心护四十七子，

三十三年后魂归三十三天。

故乡月

四十年前，我在沧州做临时工，文学是当时的最爱，且特别迷着诗歌。而刘小放老师当时已是著名诗人，著名到每个沧州人都知道。他是沧州文学青年心目中的一杆大旗。他那时在部队，但妻小还在老家，每次他回老家探亲，便会成为沧州文坛上的亮点。在他来或者走的时候，闻到讯息的文友会去接站或送站。我若是知道了消息，也会赶过去，悄悄地跟在后面，默默地迎、送。他或者不很确切地知道我是谁，但我却确切地知道谁是他。

这时候，他还没有发表《我乡间的妻子》。发表了《我乡间的妻子》之后，他便全国闻名了。现在想来大嫂真好，不仅在生活上成就了这个家，而且在诗上也成就了丈夫。刘小放老师的大奖应该算是夫人的。

一瓣心香

释文：

大用现前，

不存轨则。

后来他转业到河北省文联，先在《长城》做诗歌编辑，后在《诗神》做副主编，再后来在河北省作协当副主席兼秘书长。而我先是在县文化馆，后来又上作家班，再后来又被借调到《长城》，离文坛越来越近了。离文坛越来越近的好处是，离刘小放越来越近。还是在文化馆的时候，我写了一组小诗《听雨》，寄给了他，很快便在《长城》上发了出来。在我所发表的不多的诗歌中，这组诗应该算是最好的。有了这组诗，也许我就有资格做小放老师的学生了。

我到了《长城》之后，有时会到他的办公室去，有时他会约我到他家吃饭，都是大嫂操持，虽是家常饭，却异常温馨，大概正是家常饭，才这样温馨。我被深深的乡情和关爱裹着，内心充满感激。

很快我调到石家庄，省作协也搬到左近。我办报纸，很忙，但再忙，哪怕有半小时的空闲，也会跑到省作协，目的是见刘小放老师。他那间“315”办公室门槛，应该是被我踏低了很多。

他慷慨无私，把他的好友介绍给我，把他的好石头送给我，把他的好书送给我，把他的好画、好字送给我。凡是他以为好的，都忘不下我。他爱石头，也愿意我爱，到山上、河里去拣石头时，每次都喊上我。每次开诗会，也执意要我参加，尽管我早已不写诗，他也不怕别人说他“以公谋私”，偏袒老乡。还有他的老家黄骅，也是因为有他，因而这老家也成了我的。聚馆的冬枣我吃了，闲翁的画我读了，大洼湿地我看了……还有，每次有饭局，他也喊上我。他是时时处处不忘记有这样一个小兄弟。

我与他，从来是思无邪，绝无一丝杂念。他性情直爽、简放、天真。我深知他的真，知道直率之人的可贵和难得，他是唯一一位即是我师又是我兄的朋友，别人难可替代。

因为看重，所以亲近。我刚习大字，先要写一幅给他。丑就丑着，嫩就嫩着，就因为是送他。一次他闹眼疾，去做手术，我也效仿古人，以一帖为药：“病目有翳，空花乱迸；翳除病祛，空花亦净；光明永久，青目如镜。”并三称南无观世音菩萨。

我真该庆幸自己，生长的时空中恰恰能够遇到他。他如家乡那轮月，被他带过来，让我也在月色里。

这次出书，郝好说，让刘小放老师写序，郝好也是个懂得的。

昨夜风来满庭香

2012年2月29日傍晚，我在房山修德谷讲完课，即来望京拜访赵贵德先生。这次讲课的题目是《从自己到自己》，来见赵贵德先生，依然是在完成“从自己到自己”。

我画了画来。画是他让画的，他说我可以画，不必学，不必循着前人的步履。他不但让我画，而且还当众宣布，要为我举办书画展，到时候他亲自主持。他是郑重的，不是在开玩笑。别人不信，但我信，因此不拒绝。我若不行，不是他错，是我错。不是理错，是事错。于是我就画了，自以为还有几分味道。进屋之后，我就说我画了画来。他说：“那就先看画。”于是把大大小小十来幅画，张之画壁。他看了一会儿，我期待他说些什么，他却不说。他说：“先喝茶。”

话题在喝茶中展开，由修德谷的课说起，从自己到自己。

然后，他就问了："生命的存在该是什么状态？如何展现？"我答他。我的答，却不是他的问。他的问，其实也不需要我答。我一开口，他就说："这个是对的，但是我要的不是这个。"他逼得我站起来，在屋子里转，这也不是，那也不是，是也不是，不是更不是。终于说到状态，人的状态，心灵的状态。他说："我要的即是这个。"我俩就这样错着，错着错着，一直错到对。

不知说了多久，终于轮到他说我的画了。

其实他当时不开口，我就知道画不对。果然，他说："你这画与你的字是两个不是一个，你的笔性已经很好，但画画时没用上。你所有的都有了，只是还缺技法，而技法不是问题。你不必学别人，因为别人是别人，不是自己。学习的方法是把别人变成自己，而不是把自己变成别人。这里没有别人，只有自己。你的画，是在学别人，而别人画的是画，他本身就错了，你是在跟错的学，就更错了。画不是画的物象，物象不必画。物象只是表达，这也是‘体、相、用’的关系，跟你的讲课没有区别。你按你说的做就是了：‘我用我法’。”“我用我法，”这里没有对错，因为它已经超越了对错。“我用我法”的前提是把所有的所谓的法根除，使之干净，成为一张白纸，然后再去建立，这便是无中生有。

他让我从学习的羁绊中解脱出来，回归自由。让我无中生有，打破所有秩序，建立起心灵秩序。而心灵秩序本有，哪里用建立？

我们说到凌晨 1 点，却无倦意。虽无倦意，也该休息了。因为他想到我累，我想到他累。

早晨，我先醒来，看他桌子上的《民间艺术全集》，上面的东西单纯美好，形非形，相非相，却又极传神。对了，艺术传的即是神，神即心。心是不能用形象表现的，但不用形象就更表现不出来。因此，我想到，绘画即是用相来表体的。所有的相都在反映本质，绘画即是把最能表现本质的那个相找到，其余都舍去。简化再简化，绘画其实是不得已，是在借相表述那个不是相的相。因为诸相非相，相是假的，绘画

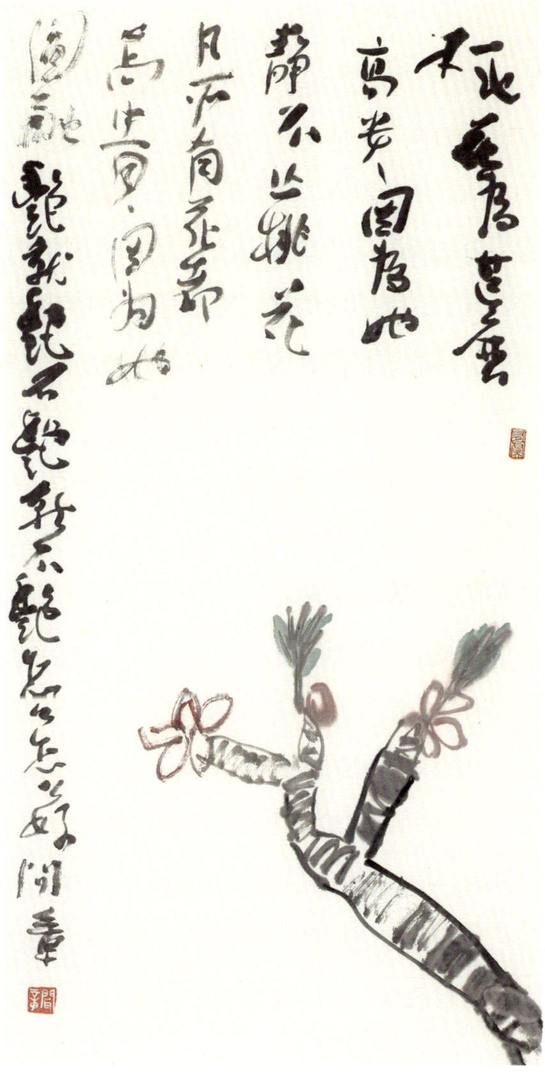

无花不高贵

释文：

桃花为什么高贵？因为她静，不止桃花，凡所有花都高贵，因为她圆融，艳就艳，不艳就不艳，怎么怎么好。

是以假达真。绘画本身不是目的，绘画的指向才是目的。因此，画背后的那个东西，没有形象说不清楚，有了形象更说不清楚。我们要的正是这个说不清楚，因为说不清楚，才会去猜想，才会去寻找，才会去破译。绘画是指月的手指，不能把手指当成月亮。因此，把画画像了，恰是不像，越像越不像。不把画画像了，或许才会有几分像。

本质是什么？是性是灵，性灵的东西，无从表现。真正的绘画，只能是一个象征，一个比附，一个强调而已，没有道理，没有秩序，没有逻辑。

因此，赵贵德先生说画马非画马。他画的不是马，而是心。当年有人也曾请他画马，他断然拒绝，说："我从来不画牲口。"

因此赵贵德先生强调写,就因为写不是描摹,而是心灵流露。

众多的绘画对象中，众多的线条中，只有一个或者几个是传神的，我们就须抓住这一个或几个就够了。这个传神的东西，是具象与抽象之间的一个媒介，是相与非相之间的一个过渡，因为人眼低级，看不到无形的大象，因此只能是用低级来指示低级，引领低级。

因此绘画必须简单。外在形式上无论多复杂，指示的内核却必须是简单。所谓“千笔万笔却是一笔”，而“一笔却也是千万笔”，“一是一切，一切是一”，艺术家的状态这样才是。

是不是这样呢？待赵贵德先生醒来，跟他说。

在他做早饭时，我们即说这些，吃过饭还说。

我俩处在喜悦之中，在喜悦里，赵贵德先生给我示范作画，指示我怎样建立心灵秩序。他把我为他写的对联上的三个字：成、圣、为，变成了三幅画。三幅从来没有过的画，三幅靠心灵来生发出来的画。他边画边说：“一是心，二是情，三是用。情由心生，情动生用。这便是画与心灵的关系。画的过程中，需要调整，调整是为了更传神。”

时间已到午后 1 点多，如果不是我有事离开，或许就彻底忘记午饭了。于是做午饭，在这个时候我们共同感慨：你看，从昨天到今日，说了有十个小时，解决了多大的问题啊！问题一解决，就简单了，“二”变成“一”了。这个情形如果概括一下，应该是：“昨夜风来满庭香，吹落桃花三五树。”

花的引领

之所以愿意跟李明久先生对话，是想沾一点儿喜气。

2014 年 5 月 15 日在唐山，李先生的艺术馆开馆，那天早晨醒来之后听到鸟叫，打开窗帘，外面已经是很好的阳光，阳光下是花丛。遂有一首诗：

四月天明久，花开众鸟喧。

不由天地好，大事有因缘。

诗作得不好，没有给李先生看。

李先生的画有多好，我不知道，但我知道他应该有多好。不但知道李先生，也知道好多画家。不是因为我高，是因为我向往高。就好比我知道喜马拉雅，但我从没有到过。我没到过，不影响别人到。如来告知极乐世界，七宝池八功德水，我没到过，有人到过。我相信那里的好。相信画里的美妙。

画是画家的极乐世界。

好的画是一个好的世界。好的世界是好心情生出来的。因此我看画家，看画，也看人。画里能看出人来的，是好画。画里看不出人来的，那画即便好，也不是他的。

敢云我画竟无师，亦有开蒙上学时。

画到天机流露处，无今无古寸心知。

这是郑板桥《兰石图》中的题诗。

李先生的画看什么？我从他的画里看态度，看他的细密与一丝不苟。他的生活与他的画一样，也是如摇曳的花枝那样有秩序。他很干净。但有时他也很执拗。但这执拗里仍有趣味。

画在天机流露处，书于造化应答间。

一个人的心灵如果不干净，不宁静，不恭敬，很难识得天机。

与李先生每有文字上的或者书画上的往还，还有情感上的交往与事情上的交流。所有这些都是我在占便宜。我的书画还不是书画，因为还构不成自己的语言。但这并不影响我与之交往。我的最大好处是敢于班门弄斧。当年我的第一幅字，是给韩羽先生写的。正是这一幅字开启了我的书法门径。韩羽先生传给我的全是不传之秘。我的书也敢写给贾又福先生。班门弄斧坏处是不自量力，好处是在班门左近才能遇到鲁班。鲁师父一句话，功抵十年，不止十年。

不但韩羽先生，好多人都在告诉我，甚至草木瓦石。由此我相信如来所说众音喧流，草木瓦石亦在说法。众物有音，只是我等无耳。

与李先生认识是为了写他的一篇文章《花开由自》。说实话，之前并不认识李先生，更不认识他的画。毛剑宾是我的同学兼好友，他对于艺术有直觉上的认知。他说你来采访明久先生。正是春天，到处是花。在等待李明久先生开门时，站在邻居家院子外面，看各种花开。采访中间，毛即说题目即是《花开由自》。这真是天地的赐予。《花开由自》在河北日报发一整版。因此说我与李明久先生相见相交相知，是因为花的指引。

有了《花开由自》，之后有李明久先生写的书法册页《致闻章先生书》。

也是在这一年，突然想到一副对联：“雪净山明，林深水久。”想写成条幅送给李先生。但是屡写不成。没有办法，只好另写了一纸《惭愧告白》。“告白”不是书法，是态度。所以敢给他。

李先生的寓所叫蹊园，诸缘和合之时，就会有一次雅集。每次好友三五，吃茶品画，弄墨挥毫。却是雅集。现在这个时候，能够雅起来的人不多，或者这样说，实行起来的不多，想实行的不少。人人知道雅的好处，只是没有时间雅。人人知道闲的好处，只有没有时间闲。闲才能雅，雅时定是闲时。李明久先生忙，但他没有忘了闲。他的画画的全是他的闲。如果他的画不闲，也就不雅了。所谓高古，是在娴静上，因娴静而高雅。娴雅之境，即古之境。每每叹人心不古，也是从娴静上说的。

娴静与贪欲不相容。贪欲心起，则娴静死。娴静一死，则艺术死。艺术一死，则人性死。人性一死，则大祸致矣。

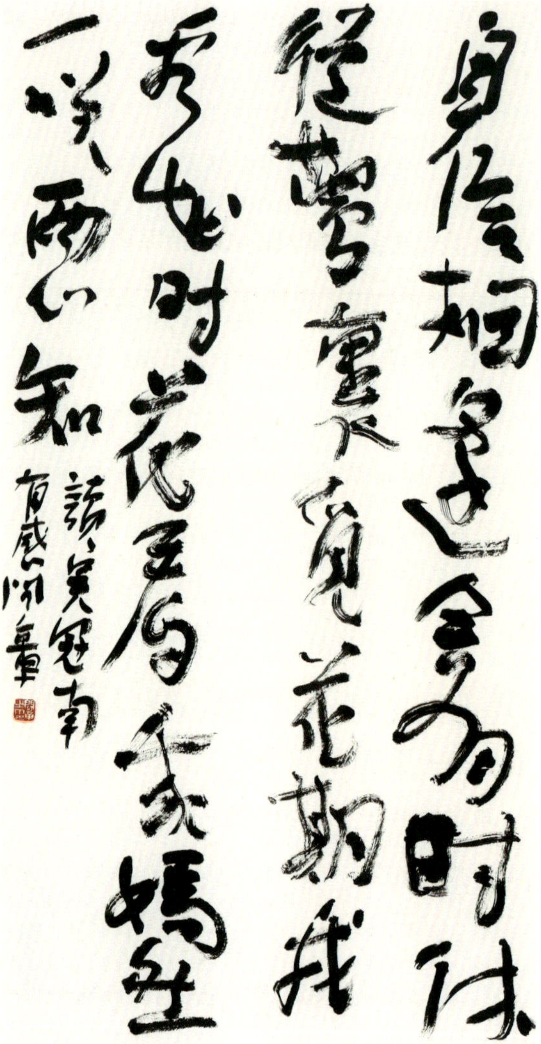

读吴冠南有感

释文：

自信相逢会有时，
休从梦里觅花期。
我看花时花看我，
嫣然一笑两心知。

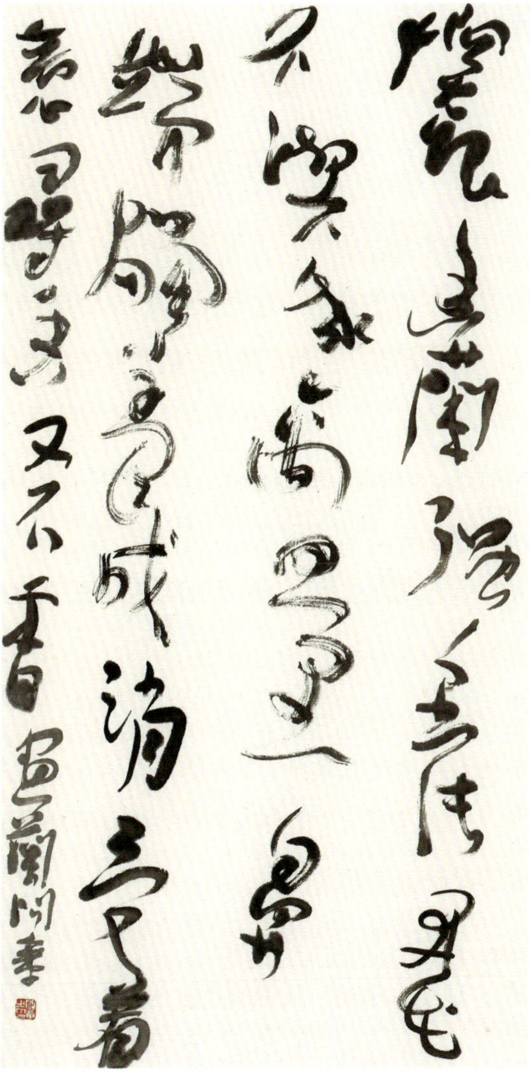

画兰

释文：

懊恨幽兰强主张，
开花不与我商量。
鼻端触着成消受，
着意寻香又不香。

花开的样式

张华彬坚执要我见见张文新先生，我不见。及待见了，却又舍不得不见了。这老先生太迷人了，九十二岁高龄，没有一点儿老态，仍如小伙儿一般。他已经是大师级油画家了，却每日绘画不止，且还在读高等数学和研究光学、量子学等。其状态，跟初拿画笔时似乎并无两样。因此我住进他家，混迹多日，与之言，观其行，同饮共餐，揣摩其一生之苦乐，参悟其艺术之玄妙，的确受益良多。最后决定写他，题目叫《调色板上的火焰》，先写了一稿，写到一半，感觉不对，毁了再写。不再慌忙，先想好书写的形式，如植物开花，分五出六出，红黄白紫，终于找到一个东西。

书的形式，一是张文新先生说，再是我说，但不是对话，也不是答记者问那样。

他说他的，我说我的。

他说的是他，我说的也是他。

他说的他是具体的他，我说的他是我眼里的他。

他在他的情感里，我在我的逻辑里。

我俩既是两个，又是一个，说是一个，却又别于一个，若即若离，不即不离，彼此相互映衬，相互补充。

好比油画用色，合适的蓝色，加合适的粉色，却成了大海的颜色。这是我在他的画上看到的。他还说当年画领袖肖像，脸部颜色都用暖色，没人敢用冷色。其实是必须用冷色的，关键在于用得恰到好处。

同理，他说我说，其实他说不是他说，我说不是我说，两个说加在一起，或许能够因此完成什么，超越什么，就像张文新先生绘画，这么一块颜色，那么一块颜色，看似毫不相干，站远了看，却是一幅生动的画。

这就是他说的条件色。他说："我们所感知的，永远是条件色。我们所要表现的，也永远是条件色。"

我俩互为条件，看效果如何？

风衔花

一

日子没新没旧

时间没长没短

心说：慈悲些再慈悲些

一低头

脚下花已开满

二

禅是一枝花

低声问菩萨

菩提树下没有阴影

树下坐着释迦

花不是禅

但禅是花

三

春风不弃一物

开花不分先后

河岸上，六祖丢下过河的筏子

赤脚走进花丛中

远处

风也不动

幡也不动

世人谁似林和靖

释文：

林和靖终身不仕不娶，隐在西湖孤山，以梅为妻，以鹤为子。

“疏影横斜水清浅，暗香浮动月黄昏”是他咏梅；“一唳便惊寥沉破，亦无闲意到青云”是他咏鹤。林和靖使梅花雅清至今。

白马篇

果然白马非马，原来马若流泉。
昨天还属蛇尾，今日却叫马年。

有一画马老汉，展开金色帛笺。
屏气不敢大喘，如若创世之元。
心中揣想白马，如水渴念白莲。
白云即在天上，菩萨已在眼前。
心里连连呼唤，无尘白马翩翩。
此时其心肃肃，如抚无琴之弦。
此时其心咄咄，如渡无形之帆。
此时其心默默，如鱼沉在深潭。
此时其心杲杲，如日跃上桅杆。
其心已如白马，白马嘚嘚宛然。

琴前六马仰秣，古桐遗音谁传？
知音莫若此马，前世定在仙班。
国风大雅小雅，多少白马诗篇。
天子围猎郊外，大叔乘马于田。
洵美且仁之子，宽广无垠之天。
两骖雁行如舞，勇士执辔如衔。
悠悠旆旌如火，萧萧马鸣如咽。
马在草间起伏，一鸢止在云前。
箭箭可追风日，马马可抵九原。
多少不死之马，养在毛公诗坛。

都道白马如诗，诗人咏马如斯。
屈原委蛇云旗，“抚余马兮安驱”。

曹植才高八斗，长吟白马之什。
视死如归壮士，左右发摧月支。
晋之支公好鹤，鹤具白马之姿。
王济善解马性，为其解去障泥。
逸者清明踏春，好花香透马蹄。
俊者深夜归来，雪掩白马行迹。
问问李白李贺，马之神色可稽。
还有杜甫翁绶，赋诗以马为题。
唐诗唐人骑马，宋词宋人骑驴。
无论骑驴骑马，好诗令人神驰。

是谁踏破关隘，西天驮来佛经。
自此东土莲花，开出禅意深浓。
是谁跃过葱岭，背上驮着唐僧。
玄奘轩然一笑，点亮般若之灯。
白马一骑飘然，果然好马如龙。
聪灵不待鞭影，洁净犹如白冰。

菩萨安坛说法，饿马弃麦听经。
“听法无念食想”，菩萨因称马鸣。

去年曾在五台，白马现在山巅。
都说那是白马，我看却若白莲。
无论白莲白马，都是一尘不沾。
好鱼不活死水，活水才托大船。
雾霾不在心外，洁净本为青天。
马年自行马运，号令如箭离弦。
好松应高千尺，恶竹须断万竿。
祈愿政通民和，一如白马翩然。

画翁挥毫濡墨，白马如皤如翰。
翰然皤然白马，非凡自超人天！
万物不过一马，以此参悟万端。
白马一瞬过隙，一隙三千大千！

第二辑　问花消息

花的消息其实不用问，

花是把世界的好浓缩了给人看。

华　夏

华夏，有花之含义。《尚书·正义》注“华夏”：“冕服采章曰华，大国曰夏。”高雅好看，即华。植物之花也高雅，也好看，故也称华。古无花字，借华来用，花即华，华即花，华花不分。

自　缚　图

韩羽画葫芦，葫芦须缠在葫芦上，题曰《自缚图》。有人提醒他，葫芦的丝蔓从来不缠绕葫芦。韩羽说：“葫芦是不缠绕自己，可是人呢？”

别人画葫芦，葫芦是葫芦。韩羽画葫芦，葫芦不是葫芦。

鱼戏图

释文：

鱼戏莲叶南，

莲叶何田田。

不须解

“色、声、香、味、触、法”，一花具足。谢榛说：“诗有可解，不可解，不必解。”花比诗还圆融，可解、不可解、不必解都无须解。

采莲曲

南朝《西洲曲》：“采莲南塘秋，莲花过人头。低头弄莲子，莲子清如水。置莲怀袖中，莲心彻底红。”

此乃诗之范本，什么平仄，什么对仗，在这诗面前都显造作。

这样的诗才不负莲花。

情 绪

同样是牡丹，也因人见而不同。柳浑诗：“近来无奈牡丹何，数十千钱买一棵。今朝始得分明见，也共戎葵不校多。”

不是牡丹不好，是柳浑有情绪。

从 容

吴越王钱镠想让回娘家的夫人早点回来，于是写信给她：“陌上花开，可缓缓归矣。”

他知道女人的好，女人知道花的好。

花的好是从容。

梅 花 化 身

余杭超山有十里梅海，吴昌硕常来这里看梅花，曾有诗曰：

十年不到香雪海，梅花忆我我忆梅。

何时买棹冒雪去，便向花前倾一杯。

吴昌硕死后，如愿葬在了超山，墓地上有沈卫撰的联：

其人为金石名家沉酣到三代鼎彝两京碑碣；

此地傍玉潜故宅环抱有几重山色十里梅花。

吴昌硕该是梅花化身。

雨与鱼

殷商甲骨卜辞："癸卯卜：今日雨，其自西来雨？其自东来雨？其自北来雨？其自南来雨？"

汉乐府《江南》："江南可采莲，莲叶何田田。鱼戏莲叶间。鱼戏莲叶东，鱼戏莲叶西，鱼戏莲叶南，鱼戏莲叶北。"

诗人邵燕祥说，在形式上，《江南》是《今日雨》的绝似回响。

其实，在内涵上，也该是通着的，杜甫诗："细雨鱼儿出，微风燕子斜。"雨与鱼，鱼与雨，连起来怎么就那么好。

扫地僧

释文：

花开花落无非佛事。

无 私

一人独赏，花也不特另显娇艳；多人看花，花也不减颜色。这便是花的无私。不像人，被人注视得多了，有人就骄纵起来，或者娇羞起来。

在于人不自信。

桃花与人

同是桃花，也分什么人看。崔护见了，会与美人挂钩，成一场绝世艳遇。唐寅见了，作长长的《桃花庵歌》：“酒醒只在花前坐，酒醉还须花下眠。”有花下成仙之感。而龙牙禅师见了，却道：“朝看花开满树红，暮看花落树还空。若将花比人间事，花与人间事一同。”

梅的魅力

《相牛相鹤之堂偶笔》载俞仲华诗：“索捕人至乱如麻，恼我情怀度岁华。这也管他娘不得，后门逃出看梅花。”

他逃到了梅花里，也真成功了，不然不会有这首诗。

看来花能避祸。不是花能避祸，是在这样时候心里仍有花的人，祸也退了。

种了芭蕉，又怨芭蕉

清《秋灯琐忆》载，妻秋芙在窗前种了芭蕉，秋来风雨滴沥，主人蒋坦枕上闻之心烦，遂在蕉叶上题句：“是谁多事种芭蕉，早也潇潇，晚也潇潇。”第二天秋芙在蕉叶上续道：“是君心绪太无聊，种了芭蕉，又怨芭蕉。”

芭蕉是镜子，能照出人的真面目。

桃花源

一篇《桃花源记》，足可以说尽陶潜。“不知有汉，无论魏晋”说的是心灵结构。人是被时空圈囿着的，一旦时空粉碎，人也就自由了。

人是难以自由的，就因为烦恼。人的最大烦恼，莫过于时空限制。见不到前生，活不过百年，升空不如飞鸟，入地不如蝼蚁。但也正因为如此，人才想着超越。

花无数

《孙公谈圃》载："石曼卿谪海州日，使人拾桃核数斛，人不到处，以弹弓种之。不数年，桃花遍山谷。"后来苏轼作诗道："戏将桃核裹黄泥，石间散掷如风雨。坐令空山出锦绣，倚天照海花无数。"

几年前，韩羽先生曾将"石曼卿种桃花"事写成条幅送我，他是想让我这里也"倚天照海花无数"吗？

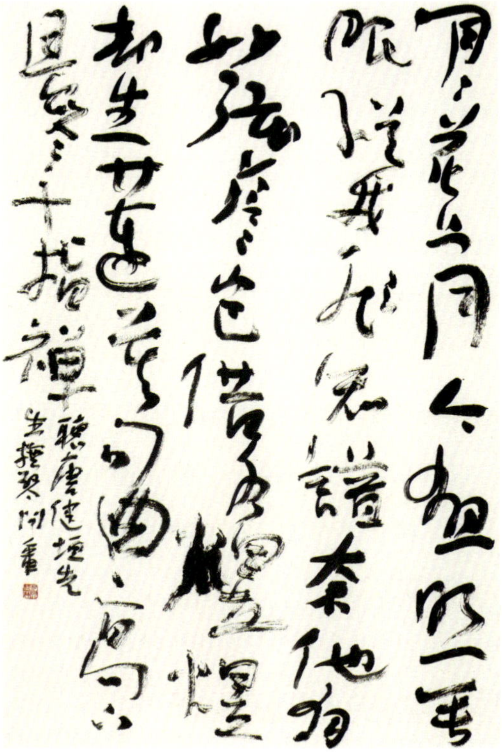

听唐健垣先生抚琴

释文：

闲闲花上月，今夜照无眠。
纵我非知谱，奈他有妙弦。
泠泠岂借水，煜煜却生莲。
莫问曲高下，且参十指禅。

問之光之同人如
既從我一也知道大
如此夜之色世界
都生世界之是

中华桃

桃通身是好。

桃花艳而不妖，开在仲春，不争先，也不落后。

桃实甘甜多汁，老少适口，属温属厚，多吃也无妨。

桃木可辟邪，古代过年，家家挂桃符。

桃仁可入药，味苦甘而性平，能入心、肝、大肠，活血祛瘀作用甚广，可用于治瘀血阻滞等症。

这一切都因为桃的性质平和。

性平才能入，性柔才能解，能入能解才能群。连辟邪也是，唯正唯柔，邪不可干。

这便是桃子的本质体现。

中华文化的核心也是平和中正，讲求“仁”，“仁者，人也，亲亲为大。”人与人、人与事、人与物之间，互存、互利、互爱、互生。有仁才有义，有仁才有礼，有仁才有敬，有敬才有信……五常具而六亲成，此乃智之体现。

中国人是体现“仁”的，所以祖祠衣嗣，多族和谐；中国建筑是体现“仁”的，所以四平八稳，轩轾相连；中国园林是体现“仁”的，所以亭台楼阁，此呼彼应……

是桃很中国呢？还是中国可以以桃来象征？

花鬘与锁链

那年到印度去，下了飞机，坐上了开往新德里的中巴，每个人的脖子上立即有了一串鲜花串成的花鬘。

在印度，车慢慢开，话慢慢说，事慢慢做，印度人无论如何不着急。中国人却总是躁。

时间在印度像个花鬘，在我们这儿像根锁链。

如梦相似

人有情绪，花就有情绪；人有兴致，花就有兴致；人有境界，花也有境界。

同样是牡丹，朱赞皇道：“漫道此花真富贵，有谁来看未开时。”皮日休则说：“竞夸天下无双艳，独立人间第一香。”南泉禅师却道：“时人见此一株花，如梦相似。”

怨芭蕉

释文：

妻秋芙在窗前种了芭蕉，秋来风雨滴沥，主人蒋坦闻之心烦，在芭蕉叶上题诗道：“是谁多事种芭蕉，早也潇潇，晚也潇潇。”第二天，秋芙在蕉叶上题道：“是君心事太无聊，种了芭蕉，又怨芭蕉。”看来芭蕉如镜，能照人心。

黑衣秀才

黑衣秀才不是花，而是蝴蝶。只是这蝴蝶比较大，且全身通黑，不染点尘，体态轻盈。从来没见过它飞到低处过，也从来没见它落到什么地方过，它就那么飞来，随后又飞去，有点像梦境。儿时我们玩着玩着，看到有黑衣秀才飞来，我们就扬起脖子喊：“秀才，秀才，下来吃口肉来！”但是那“秀才”不被诱惑，不肯下来，连飞低些也不肯。它飞得真高，都高到大树的上边去了。

我们问百顺爷：“秀才是什么？是不是蝴蝶？”他告诉说：“它是读书的秀才变的，是个穿黑衣服的秀才，变成蝴蝶后还穿着黑衣服，也还叫秀才。”

为什么它那么干净呢？百顺爷说："读书人嘛，读书人就是这样干净的。庄稼人的脊梁上总能搓下泥卷，庄稼人是泥做的，而读书人不是泥做的。原来也是泥做的，而人一读了书就变化了，心变得轻灵，知书达礼，有智慧了。"

后来知道，百顺爷就是我们村一个读书人，但不知道他是不是秀才。他死后，在他的屋子里发现好多书，都是线装的，颜色都发黄了。那些书都在他的灵前烧化了，那些书也变成了一个个的黑蝴蝶，翩翩然然朝着天上飞去。看来百顺爷也定是秀才了。

一瓣莲花

于我居住的这个城市来说，白洋淀一点儿都不远。白洋淀里的莲荷开得好，远近闻名。我的朋友毛剑宾与佛有缘，北朝的佛像他拥有几尊，因此很想得到几枝莲蓬，插在瓶里供佛。

佛教为什么把莲花作为象征？一是因为“出淤泥而不染”，示现着烦恼即菩提；二是花果同时，表明菩提心的不失不退，花是心因，佛是心果。

毛剑宾就这样有了得到莲蓬的理由。

不久的一个雨夜，朋友真的给他从白洋淀弄来了好些莲蓬，不但莲蓬，还有未开的莲苞。朋友放下这些就走了，留下了满屋子的清香。毛剑宾好不欣喜，立时就把一些青色的莲蓬和粉色的莲苞插在瓶里，供在佛前。然后静静地看，看青莲后面佛陀的微笑，看佛陀前面青莲的清影。这样看了好一会儿，突然，从花苞上垂落的一瓣莲花让他内心一悚：他要的是莲蓬，何必又弄来些莲苞？这些莲花该是在盈盈的水里，开出自己的清丽，结出自己的莲实，让欣赏到它们的人得到心灵上的愉悦。如今却为一己之私，而不惜折断生机。虽说是来供佛，但却恰恰违了佛的本意，于是有一份惭愧在心里。

当毛剑宾跟我说起这些时，脸上还满是悔憾。

我在附议了他的意思之后，内心其实却有几分欣然。

莲花虽然负载着佛教的奥义，但毕竟只是象征。这些莲苞当然不该被折断，但莲花不过是莲花。

毛剑宾惜花，我惜他那颗惜花的心。

简　竹

历朝历代，画竹子的很多，但画得好的不多。为什么画得好的不多？因为难画。为什么难画？因为简单。

简单是宇宙建构的法则。宇宙建构的法则是什么呢？就是一点儿不少，却也一点儿不多。少一点儿不是宇宙，多一点儿也不是。因此中国画的笔墨，其实已经不仅是笔墨，而是在透露宇宙中间所涵盖的秘密。

因此，好的画家那里，有“不画而画，画而不画”的说法。这“不画而画”，是用简，外在看是一笔，其实却是千万笔。这画而不画，是用繁，画了好多笔，但千笔万笔却是一笔，稠密中见简约，简约恰在稠密中。这也便是佛家说的：“一是一切，一切是一。”

简单不好画，但又必须画得简单。只画得简单也不行，这简单里头还得透出不简单。换句话说即是：真正的简单恰是不简单，真正的不简单又恰是简单。

借风图

释文：

我向芭蕉借得扇，

芭蕉向谁借得风。

映月轩辞

吾友潘海波有一斗室，可供读书、挥毫、待友，曰映月轩，遂有此辞随喜：

小屋半间，若水一湾。水能映月，曰映月轩。

芥子虽小，能纳须弥。日月虽大，却入盏蠡。区区斗室，阔若天衢。

我即是月，众水照之。圆缺不掩，明暗可稽。月矣月矣，岂能有翳。

我即是水，照一切月。水清月明，水浊月怯。水兮水兮，安敢无戒。

水能映月，墨能映心，大笔横握，舞若公孙。神慕苏轼，形追右军。不唯师迹，更贵师心。

呼朋引类，迎贤纳贵。众月临水，不酒而醉。以真感真，虚怀聚萃。

小轩载宇，小事载理。大道无私，大德无侣。虚室生白，吉祥止止。

神　曲

“神曲”何谓也？该是天上才有，世间应无。也不一定，比如赵贵德，偏要画“神曲”，即便世间有“神曲”，也该是演奏，岂能画得？赵贵德则要画，这就难了。难是我说的，不是赵贵德说的。于赵贵德来说，此事不难。不是不难，是赵贵德喜欢难。他向来是做难事，总能把不可能的事变为可能。比如他画马，也是画不是马的马，马好画，不是马的马不好画，他就画这不好画的。于此等人，谁能奈何他？

画事其实是“化”事，须会“化”，须“化”得好。赵贵德即是把“神曲”化成了线条、色彩和节奏，把声音弄成了结构，把听觉的“化”成了视觉的，且也让人通过视觉而联通听觉，使得“神曲”现前。

“神曲”乃天乐，世间难闻。本难闻，今得闻，有何言哉？唯曰：瞻彼“阕”者，虚室生白，吉祥止止。

春日里的一枝花

曹俊英的上一部书《素心如月》是我作序，这一部《在路上》还是我作序，似乎有点“一碟子腌白菜，又一碟子腌白菜”的味道。但曹俊英总是抬爱我，而我这里只有“腌白菜”，又能怎么办？不过我知道读者不会烦。为什么呢？因为烦者不看。

那天在朋友处看到明憨法师写的一副对联：“春色无高下，花枝有短长。”感觉真好。春色无处不在，却要具体到每个花枝上，花枝之外的春色不可捉摸。新年过了，春天就要来了，而《在路上》就是春日里的一枝花。不管这花枝是长是短，都一样可以触摸到春天的气息。

爱的智慧

《给爱一个高度》一书行文，真切无私，从不做雕琢，亦没有掩饰。像日记那样，记录着日月痕迹，心灵感受。一本书，两个人，儿子做派，母亲情怀，全然袒露。篇幅不长，内涵却多。我读时，有几处流了泪。想总结一句话，却总结不出来。其实曹俊英已经说了：“爱，是责任；会爱，是智慧。”我把这句话当成我说的，写在这里作跋语。

阳明格物

释文：

先生游南镇，一友指岩中花树问道：“天下无心外之物，如此花树在深山中自开自落，于我心亦何相关？”先生曰：“你未看此花时，此花与汝同归于寂；你既来看此花，则此花颜色一时明白起来，便知此花不在你心外。”

釋迦佛在楞嚴经上說諸法
所生唯心所現一切因果世界
微塵因心成體

水吐荷莲山吐月

鹿泉有位姓周的画家，住在周公山。那山本不叫周公山，是他去了才有人把他叫周公山。周公山很幽静，山下的小村子也很幽静。山下有水有荷花，且村子的名字也叫荷莲峪。那年五月，我与朋友一起到周公山上看月亮。本以为哪里的月亮都一样，到了周公山才知道，此处月亮殊异。大概是因为一重一重的山，一开始并没有月亮，只看到光。突然之间，那月亮从山间一隅蓦然跳了出来，且是出奇的大，大如车轮，黄色。此月一出，一丛丛的山，都变了面目：庄严而神圣。回头再看周公的小院，还有山下头的小村，沉浸在白色的朦胧中，如水墨画一般。村中有狗吠，声音漂浮着。

那天，拟联一副：

水吐荷莲山吐月，人读画卷我读诗。

还写了一首打油诗：

最美山间夜色，月亮大如车轮。

有时主人不在，就用它来看门。

问 月

有一位叫新民的朋友索字，我拟一副联给他：

旧月仍然新月，天听自我民听。

天上有月，这月让好多人发浩叹。李白曾问：“天上明月来几时，我今停杯一问之。”苏轼也问：“不知天上宫阙，今夕是何年？”我也曾画《赏月图》，跋之曰：“天上一个月，水里一个月。此是一个月，还是多个月？若是一个月，因何处处见；若是多个月，因何同时现？”人，正是因为天上的日月照着，才活得有追求。谁不希求光明呢？

虽然都在光明里活着，但好多人活得并不光明，有好多苦，好多难，好多不如意。国家治理的根本目标，就是让老百姓都过上好日子。如果让老百姓都过上好日子，就得听民意。古代有皇上，称为天子，唯天是听。人间有灾难，以为是天谴，因此祈告于天，得求天启。但是真正的天在哪里呢？其实是在老百姓这里。民即天，民的意思，就是天的意思。民听与天听，是一回事。得罪了民，即得罪了天。

根　本

我爹曾经侍弄果园，果树春天开花，秋日挂果，满园子芬芳。这果树也真好，浇一点儿水，叶就绿了，刮一些风，花就开了，施肥、松土等等的，都有功效。更别说阳光雨露滋润，所以生机无限。但是有一个前提：树根必须是活的。如果树根是死的，情况会大异：浇水，根会烂得更快；刮风，叶会落得更多；阳光照耀，枝丫会干得更快。所有的作用都是反的，不助其生，反助其死。

所以古人才说："根才是本。""君子务本，本立而道生。"

具体到人，心是根。心的好坏，即是根的好坏。

虫之参悟

朱赢椿著有《虫子书》《虫子旁》《蚁呓》等书，“看蚂蚁搬家，待石头开花。”他把虫子爬过的痕迹，看成是“生命的偈语”。

有人说他是回到童年，其实不是，他就在童年里。他在童年里，又在童年外。他在虫子外，也在虫子里。他不是虫子，却能替虫子超越。在替虫子超越的同时，他自己也超越。

斋庄辞

彬子建斋庄书院，费心费工费时，历尽辛苦。应请为之拟长联并斋庄辞。联曰：

文能换骨，用半生心，半世苦，半岁光阴，勉成书院；

琴可移情，将一弯月，一泓泉，一腔情愫，奉与众人。

辞曰：

文能换骨，不糊涂，且将半世情，筹得四壁书。

庄敬自赎，休厌足，拈花为日课，微密成功夫。

心斋如沐，得纯如，浑沦真肺腑，奕奕我心殊。

好事神助，众人扶，感得天雨粟，歌诗在吾庐。

七星在户，弦入谱，十指问今古，妙境即浮屠。

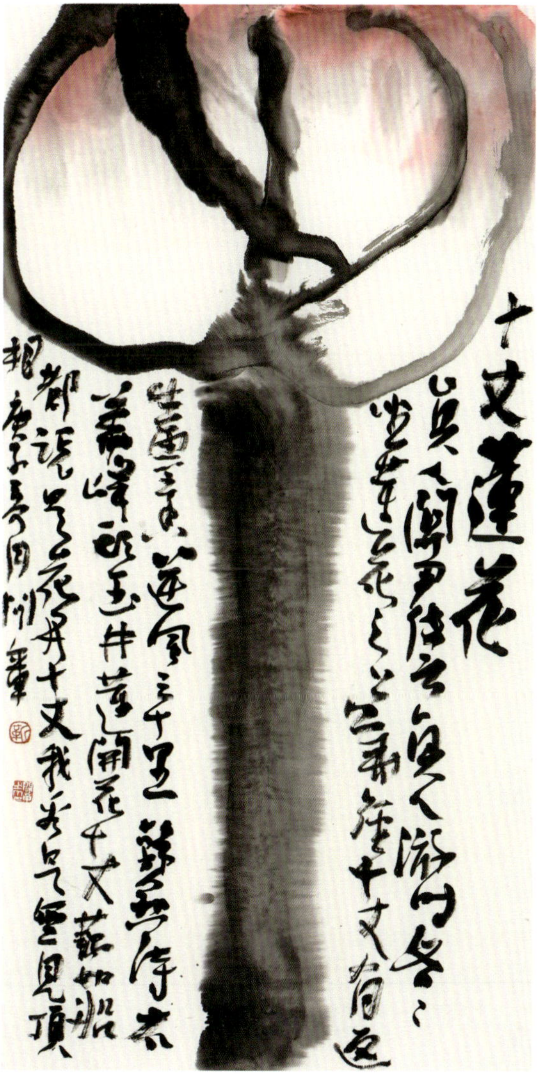

十丈莲花

释文：

《真人关尹》传云：“真人游时，各各坐莲花之上，华径十丈，有反生灵香，逆风闻三十里。”

太华峰头玉井莲，
开花十丈藕如船。
都说是花开十丈，
我看是无见顶相。

互　哄

2020年春日，疫情刚刚好转，南海小筑的张志国领一帮人到农家地里去采摘。他不忘把一篮子蔬菜派人送给我。我手机发给他短信："收到蔬菜并整个春天及无边情谊。"

我这里只有这些别人用剩下的字句，他们哄我，我也哄他们。

永和九年

东晋永和九年（353年），因一场娴雅，留下一段文字，一纸墨帖。之故，时间便凝止。

王羲之示范，后人竞趋之，视为雷池，不敢越规矩，大谬耳。

羲之之意在于，每个人有每个人的永和九年，失却自家面目，而求诸人，不亦悲乎？

灵 羽

——赵贵德画鸡

头戴五彩冠，身着五彩衣，
卧做五彩梦，行展五彩旗。
以此问凤鸟，凤鸟居丹墀。
以此问朱雀，朱雀在南枝。
非凤非朱雀，此乃赵氏鸡。
画马非画马，画鸡岂是鸡。
心中五彩墨，化作万千诗。

举头独向月，白发老画翁。
千条万条彩，飘飘向紫宫。
借问西王母，夜来天何青？
低头砚边看，彩鸡正扬声。

南岛栖朱雀，西山舞凤凰。
北溟洗墨羽，东海着锦裳。
邀来为嘉客，熙熙在画堂。
画堂阔，蘸彩墨；彩墨香，着新装。
看此万千花，枝枝比短长。

尔是我的鸡，只是不喂米。
尔在我处生，我在尔处死。
生死两相依，是我也是你。

李峤为宰相，一日见凤凰：
“九苞应灵瑞，五色成文章。”
今我何功德，彩云伴我翔。
擎凤驰骏马，一日酒千觞。

晨起一声唱，千门万户开。
日光照彩羽，我似在蓬莱。
蓬莱仙客众，仙袂彩云裁。
回首鸡埘上，一羽正徘徊。

此鸡不是鸡，但也不离鸡。

他歌我亦唱，我舞他载翕。

行则同举步，居即共一席。

清净无善恶，真爱有深基。

我借他之羽，上天不用梯。

我借他之唱，使我日不西。

身披彩羽衣，脚蹬青云屐。

飞天十万亿，一一过清虚。

莲花分朵朵，朵朵出淤泥。

金鸡千万羽，羽羽载云旗。

金鸡不是我，何以天雨曦。

莲花不是我，何以众香弥。

在在莲花在，依依灵羽依。

坐我莲花上，漫天唱曙鸡！

逃花图

释文：

《相牛相鹤之堂偶笔》载俞仲华诗：“索捕人至乱如麻，恼我情怀度岁华。这也管他娘不得，后门逃出看梅花。”

大祸将至，却去看花，能做到这样的人，哪里还有祸。

第三辑　人与花同

人与花或者花与人，是一还是二？

似乎说一也行，说二也对。

但是不，

你读一读佛经，

便知道花与人原来是一回事。

而且不独佛经，

王阳明也这么说，

他说：“你未见此花时，此花与汝同归于寂；

你来看此花时，则此花颜色一时明白起来。”

是花明白起来？

还是人明白起来？

梅妻鹤子

韩羽先生画梅花，题曰：画林太太。梅花怎么是林太太了呢？

林和靖终身不仕不娶，隐在西湖孤山，“以梅为妻，以鹤为子”。“疏影横斜水清浅，暗香浮动月黄昏”，是他咏梅。“一唳便惊寥泬破，亦无闲意到青云”，是他咏鹤。

是梅与鹤化身为林和靖了呢，还是林和靖化身为梅与鹤了呢？

一花三藐联

释文：

一花一世界，

三藐三菩提。

超越自他

20世纪60年代末，吴冠南在废品收购站见到吴昌硕一幅《玉兰》，他拿回家开始临摹，一临就是二十年。

吴冠南说：“一开始，他是他，我不是他。慢慢地，他是他，我也是他。到后来，他是他，我是我。再到后来，我是我，他也是我。如今，他是不是他也不管它，我是不是我也不管它。”

被花簇拥

彬子守着一大片梨树，起名斋庄梨园。他等于是天天被花簇拥着，被花簇拥久了，不是诗人也是诗人了。这天他作诗道：“日梨花，夜梨花，日夜梨花开我家。日知道，月知道，日月花开我知道。”这不是诗，是对诗的超越。

活 手 眼

读靳志强《溪山记游图》，心神为之一浣。

志强具活手眼，可随心用笔。此图用青绿山水之法，师古法又不泥于古法，借他人一点儿火燃自己之明烛，此真师古法也。

此图清雅宁静，境能夺人，再配上元人杨西庵词，图文并列，相互映衬，可称佳构耳。

陶 潜 采 菊

“采菊东篱下，悠然见南山。”这里人在，花在。人是什么人？是花一样的人。花是什么花？是人一样的花。

花即是佛

吴冠南孩提时，常常到邻居王先生家看花，他蹲在花前，一动不动，看到痴迷处，会不知不觉流出泪来。王先生对吴冠南说："小小年纪，想不到还有些佛性。"

吴冠南听不懂。

王先生说："现在不懂，长大就懂了。其实佛即是花，花即是佛的。"

王先生此话，让吴冠南参悟至今。

曾经月下与花眠

释文：

临去秋波那一转，

试问禅关谁能参，

回头知月满。

泣花图

吴冠南三十岁那年，来南京看画展，在旅店院中见一丛鸡冠花被压在雪中。花极红，雪极白，具大凄美。面对此景，吴冠南“潸焉出涕”，他哭了。哭什么？为什么哭？没有理由。不是伤心，也不是不伤心，哭就是了。

我若会画，定要画一幅《泣花图》：白雪皑皑，红花殷殷，一人孑然于前，潸然泪下。跋曰：“男儿有泪，雪中有花。花与人同，亦我亦他。上天垂象，万死万生。一朵之内，大道盈盈。”

花　缘

十七岁的黄永玉，因为调皮，到寺院里去摘玉兰花，结识了弘一法师。弘一法师给他写了幅字，嘱咐他第四天来拿，结果他贪玩，过了一个礼拜才去。到寺院后，才知道弘一法师已经在几天前圆寂了。给他的字是：“不为个人求安乐，但愿众生得离苦。”

黄永玉九十多岁时，还在忆念这件事，那株玉兰花在他生命里永远不会凋谢。

绿肥红瘦

释文：

试问卷帘人，却道海棠依旧。

知否？知否？应是绿肥红瘦。

拈花成诗

此老够排场清雅一世清白一世，

今生真富贵好诗三千好友三千。

2020年2月20日11时许诗人刘章先生仙逝，享年八十二岁。我是晚上才得知消息，一时无措。特殊时期，人都宅着，不许有动作。网上消息说，刘章先生丧仪在网上举行。夜里睡不着，脑海里全是先生的音容。于是拟联三副，为先生送行，其中就有上面这一副。

我相信先生是天上谪仙，他是真有才，清词丽句，俯拾皆是。关键是他所处的背景多粗砺、多虚假、多沉重呀，偏他有好诗，出淤泥而不染的那种。“花半山，草半山，白云半山羊半山，挤得鸟儿飞上天……”那样的年代，这样的诗，怎么可能？他就能！非真纯粹莫能此，非真高贵莫能此！他的使命便是在偏僻山村拈山花而成妙句，示范给人看，告谕世间：哪怕在低处，在僻处，在被人忽略处，只要真情在，就能成！先生成了，悟知到的人都成了，包括他的子侄与乡邻。他是来激励人的。

一生守着诗，以诗为命，如坐花裀上，周围也是花，多富贵啊。除诗之外，再富贵的便是先生的友，我不知他有多少好友，听说在他去世后已经有六百多人写来诗文追悼，况还有好些先他而去的老友呢。所以我说他“好诗三千好友三千”。先生也真以诗以友为宝贵，也曾赐我墨宝，写的便是自况诗：“无争无欲自无愁，三世同堂诗半楼。敢向人间夸富贵，知音百友遍神州。”

还以为这联是我拟，究其本来，却是先生拟。不是拟，他是以生命来演绎。

见面礼

闲翁是画家。闲翁画画，以马为主，白的马黑的马，古的马今的马。黑白的马以墨色来分，古今的马以什么来分？以人来分，看马旁边站着的人，服装头饰有分别。不管今马古马黑马白马，其实皆是一马，这马是闲翁的心。闲翁的马多是闲马，水边树下休憩的居多，人也是闲人，随意牵着缰绳，缰绳都是垂着的，马也悠悠，人也悠悠。纵然有田猎之马，也多属于《诗经》里描述的那种“执辔如组，两骖如舞”，很飘逸。还有更多的马，则好像不属于人间，多殿堂气和天宫气，似乎弼马温养的那些马都跑到闲翁这儿来了。

闲翁本名李维学，隐居黄骅。丙戌年春，我专程去拜望他。

见到他的人，比见到他的画更让人欢喜。他个子不高，却是高士，面目与精神都如古隐士。人瘦，瘦到宋朝去。正是马让他瘦，而他使马肥。

见这样一位高人，须有见面礼，且不能低俗。只惜我没有这样的礼品，只好拟联一副，勉为其难。联自拟，字自书，字丑联拙，但态度好，我就送他一纸好态度。

联曰：“四维系地索，三学渡河舟。”且跋之曰：“儒之四维礼、义、廉、耻，佛之三学戒、定、慧，此乃超凡入圣之门径也。”

上下联中嵌有“维学”二字。虽属文字游戏，却也缘于情怀。

秋来无尽意

释文：

恰因岁老更多花。

见人便问花消息

释文：

　　大用现前，不存轨则。

梅破知春近

崔强很瘦，几分像梅，几分像竹。此是画梅画竹的结果？还是画梅画竹的原因？崔强画梅画竹，也画菊画兰。梅兰竹菊有君子之德，崔强慕之。是先慕其气，而后摹其形？还是先有君子之慕，而后移情于物？这得问崔强。

画家与画，本是一回事，画格即人格，人格即画格。高妙高妙，是高了才妙，人高了，画才妙。

理应如是，事应如是。但理与事之间，总有距离。理上明白容易，事上明白难。比如我，在这里说崔强的画，若崔强给我一支笔，我就傻了。

这些年来，崔强就一直在理与事之间，像鸟那样此枝彼枝地跳来跳去。他是当老师的，天天教，教即理；他又是画家，天天画，画即事。理上破一层，画上高一层。就这样教学相长，理事互动。如人的两只脚，左右左右地走，不知不觉就远了。

为什么是破不是立？这是对崔强说的。在别人那里可能是立，或者必须是立，但在崔强这里是破。茧已成，蝶已形，破了硬壳才能见期望已久的翩然之姿。

怎么个破法？答案也简单，当初怎么个立法，如今就怎么个破法。但破比立难。立，须知道自己；破，须超越自己。破是另一种立，是更深刻的立，是不立而立，立的是那个不立。当初的立是为了活，若不是为了活，还不如不立。如今的破，也是为了活，不是为了活，是破了自然活。画在天机流露处，天机是活的，所有的机都是活的。天机对心机，天机与心机本是一机，若不是一机，则还不能称机。

崔强的画展，每次我都看。每次都有破的信息。只是破大破小，破多破少的问题。大小多少，我愿其是使动用法，即使小者大、少者多。当年曾有一句人人熟知的话："破字当头，立亦在其中了。"这句话用在别处不知对不对，但用在书画上，无疑是对极了的。

柳的状态

古柳姓柳，恰具柳性。“人夸菊晚谢，我慕柳先生。”这是我写给古柳的。“柳先生”不仅是称谓，更是状态。

“天地之大德曰生。”“生”即生机，能生即好，何况“先生”！“先生”则不仅是聪慧、敏感，而是有一种自觉在。自觉换个说法，即“机会”。机随时有，会不常有，有机有会，即成状态。古柳在状态里，我知道，凭什么？凭他的文字。这本书中有一些篇什我愿意是我写的，有了想拥有的意思。说明好，好到别人不能，就令人生希冀心。当年，我读他的《蚁弟》，竟生出画画的冲动，且从此就开始了画画，虽然我不会画。此即亲切，亲切到一定程度，则称魅力。

这魅力源于文字，却非文字本身所能，文字的能量是待有了生命才可以，所以说好文章是肉身不死。在古柳的文字里，则表现为诗性。何谓诗性？孔夫子早说过了：“诗三百，一言以蔽之，曰：思无邪。”“思无邪”即诗性。此乃诗之本质。为什么？因为“思无邪”首先是人性，人性在文字上的最好表达即是诗。

我赞叹他的，即是他多年以来所呈现的一个状态，即诗性的生存，纯粹、宁静且恭敬。嚣嚣尘世，鲜有染着，所以才有文字上的“思无邪”表现。

书名定为《说不定》，且有一篇说明，来说“说不定”。他已经说得很好，且还有更好的，我补充给他。当年有僧来问赵州：“如何是定？”赵州答：“不定。”问：“为何不定？”赵州答：“活物，活物！”这是问“定”的，“定”且不定，遑论其他。

于诗于文于艺术，“不定”乃是必须，就因为是“活物”，且是“活”得最好最恰当最应该的“物”。

活即生，生即机，机即与心灵相契之枢要处，此时此处乃“柳眼梅腮”之特别处，有天地从人之力量。而所谓状态，即是此力量之衍化，如柳花在证明自己是春天。

古柳是一种状态，此书，在证明他，也在证明我。

花　墙

老墙本名刘国强，绘画时署名“老墙”。

难怪叫“老墙”，多年来，他把艺术当成一道“墙”，一直在“砌”。

他也真下功夫，多年来“砌墙”不断，颇能耐寂寞，颇有韧性，其情形有点像愚公移山。

书法、绘画、篆刻，他都涉猎。我先是读他的书法，后是读他的画并他的印，惊诧一个人竟然可以同时能有这么多，且还能这么好，因此曾拟联说他：“天上天下无非我，墙里墙外都是花。”

其实他是对的，古代书画家大多是通家。不在多不多，在通不通。不通，怎么都不对。通了，怎么都对。

到现在他依然在“砌”，他是怕不结实吗？他是怕自己不是“老墙”吗？还是已经成习惯了？习惯不好，好习惯也不好，习惯没有好的，好的就不叫习惯了。说到底，我是怕他忘了“砌墙”的目的。

直到有一天，我在好友潘海波处看到老墙一幅画，我立时知道我错了，老墙其实并没有一直在“砌墙”，他也“拆墙”，边“砌”边“拆”，只是这一次“拆”狠了。这是一幅墨竹，因为是酒后，因为是即兴，限于条件，一点儿颜色也没用，但是一切足矣，用的是无法之法，竹子飒然在了，不但竹子，是连竹子之外的东西都在了，真是好，好到恰好，好到不可说，解衣盘礴者当如是乎？

其实他的作品里，是一直有一种东西的，这个东西就是灵气。灵气何来？来自灵腑。灵腑何在？在于透彻。透彻何在？用心是也。如何用心？有时不用心恰是用心。

老墙是用心的，用心用到不用心时，乃真老墙。

海棠的叙说

春天不是季节，而是心境。当心境在春季里，海棠花就开了。

一禅者，一诗人，一画家，还有我，四个人围桌而坐，吃茶。吃茶不是目的，只是为了桌上的一枝海棠。不知海棠的来历，我们发现它时它已经在了，插在一只青花瓶里。有了这只老青花，这海棠便有了远古的信息。这信息向我们传达，都领略到了，但都没有说话。没说话更说明领略到了。

海棠开得也真好，花瓣本然，颜色本然，枝叶和花蕾都本然。让人感觉到不是谁把它插在这里，而是它就该在这里。它在这里，全部的春天就没一点儿残缺。

四个人，只有画家崔强是今天的主角。

崔强从心里喜欢老的东西，老的东西的最高代表是文人情怀，文人情怀的最直接表达是书法、绘画。崔强沉浸在老的书画里，你别看他行走坐卧蛮现代，其实他心灵常常游走在五百年前。他说，为了给学生们讲课，他得梳理出一条脉来。其实即使不给学生们讲课他也必须有一条脉。这条脉是他的绘画之根。他说他很传统。其实把画分为传统与现代就已经错了。画只有好坏，只有美丑，只有高低，而没有时间概念。一呼一吸即是时间的全部，一高一低亦是绘画的全部。为什么要学古人？因为古人高。为什么古人高？因为古人心净。为什么古人心净？因为古人“居敬而行简”，守着自己内心的时候多，精神外浮的时候少。学古人不是学技法，是学态度。把这些学到手，自己也是古人。古人今人，没什么区别，区别在心上。现代绘画与古代绘画亦没有什么区别，区别在境界上。

不在内里用心而向外寻摸，学来的也只能是外在形式。也好比这海棠，一心长的是自己的枝叶，季节一碰，它就开花了。也不用学迎春的清丽和牡丹的雍容，因为雍容和清丽都不是它，它只能开成海棠。自己美自己的，自己在自己的季节里美，美到自己心动。这便是海棠的意义。

绘画离不开技法，但技法绝不是绘画的根本。有好多人画了好多年，原来以为缺技法，没想到技法到手之后，还是没有找到绘画的本来。这也好比一些老板发财，没发财时苦恼，发了财后更苦恼。人是这样，过往的东西容易形成经验，而未来的东西却又形成期待。一个期待、一个经验就把人弄疲倦了。而没想到人心是活泼泼的，生活是活泼泼的，绘画也是活泼泼的。就如佛陀所说："知我说法，如筏喻者，法尚应舍，何况非法！"背着个东西向着远处走，人就是这样自己把自己累着了。

崔强不想累着，崔强已经把问题提出来，而且在实践。他定然从新鲜的海棠那里询问到了什么。

我们吃茶兼看花，一枝海棠，在画家眼里是画，在诗人眼里是诗，在禅者那里是禅，因此是一枝又不是一枝，说不是一枝却又是一枝。这便是真的海棠。

只恐夜深花睡去

释文：

只恐夜深花睡去，

故烧高烛照红妆。

暖　花

卢国欣是农民，普通又不普通。说普通是模样，说不普通是业绩。三十年前，他与伙伴们创办了国欣农研会，如今这农研会已经有了几个亿的资产，全国有六万多农户加盟进来。儿子卢怀玉也成了全国劳模、党的十八大代表。

农民种地，因此卢国欣种地。种地的多，能把地种到这程度的不多。

农研会成立三十周年，经验总结为“合作生金”。不错，但是，为什么他这里是合作生金而有好多人是合作生气呢？

后来我想明白了，生金还是生气，都是因为合作，只是看怎么合作。自己跟自己合作，就生金，自己跟外人合作就生气。自己是自己，别人也是自己，自己跟自己在一起，是一体，相互看顾着，相互宽容着，相互理解着，你是我，我是你，这样自然好，你好我好他好，处处双赢，能不好吗？若是把对方看成别人呢，就成了相互猜忌、相互挤对……赔了，相互埋怨，赚了，都想多得些。因此生气，甚至生大气。

卢国欣种的是棉花，棉花是让人暖的。他这人也是让人暖的，他那个团队也是让人暖的。因此我写了一副联给他，道是：

天下无寒者，

人间有暖花。

歌头与歌尾

世间有郎才女貌，可有郎才郎貌、女才女貌兼具者？绝少，赵丹与黄宗英便是。二人乃绝配，其才情美貌，人所共知，每每叹为天人。然天地不仁，天人亦难逃地狱苦。到底“瓦釜”粉碎，“金玉”出尘，赵丹重上银幕，宗英文运勃发。回首往事，不免悲欣交集。此一阕《水调歌头》，是赵丹在读黄宗英之《大雁情》后，夜阑难眠，遂为之歌，其情深矣。孰料赵丹来年竟遽然归天，“歌头”竟成“歌尾”，令人叹惋！如今四十年过去，黄宗英仍在，再吟此歌，其心何恸！

世上文物，乃各有主。殷杰兄文心深，遂感得此物。吾亦有眼福，得睹宝墨，欣赏之余，跋此短文以记。

陶潜问菊

释文：

人是花一样的人，

花是人一样的花。

花之梦

那年在渔堡，朋友领我走进一爿老屋子里。一位老婆婆坐在炕上，朋友喊她二嫂。

朋友问她：“二嫂，想我二哥不？”二嫂辨认了一下我这个生人，“想呗，能不想？”然后说，“我活得时间太长了，活得够够的了。你说你二哥这个狠心的也不来喊我。如今我也走不动了，也不能到你二哥的坟上去了。……你二哥昨天来过了，一掀门帘就进来了。没打着鱼，却是一身的腥。我说你洗洗吧，他说不洗。不洗就上炕，年轻人就这样啊……”

从她时空颠倒的叙述中，一个曲折、凄美的爱的故事凸现出来：她嫁给了二哥，但几年后二哥抗日上了前线。后来有人传信来，说二哥已战死疆场。她哭了一回又一回，眼泪哭干后，嫁到内地，生儿育女。多年后，死去的二哥突然回来了，他没有死。非但没死，还带回一个漂亮的“二嫂”。她又喜又气，喜的是二哥还在；气的是又来一个“二嫂”。

二哥是她的，永远是她的。内地的男人是男人但不是丈夫。她想回来找二哥，但苦于二哥身边那个女人。她只能等着，一直等到那个女人死后，二嫂毅然抛下内地的儿女，再嫁二哥。多年之后，二哥死了。二哥死后，她说，她一天只吃一条小鱼，瘦得不敢照镜子。

在我们离开二嫂的时候，二嫂提出一个问题。她问："花开了吗？"朋友问："什么花开了？"二嫂说："连什么花开都不知道？开了的时候给我摘几朵来。"朋友问："干什么呀？"二嫂说："我要嫁人呗，你二哥那头都等急了。我就等着花开了，头上戴一朵，花轿上也要用，一个角上插一朵。有五朵也就够了……"

这个故事，是一个长篇小说的题材。但是我不会写。我想的只是二嫂要的那些花。

“破” 歌

2018年7月3日，与潘海波、赵梅锦等到西山访杜川先生，他以“破诗破画破老头”著称，遂有此《歌》，以咏其“破”也。

破老头的破，院破屋也破，衣破鞋也破，最破是心破，残缺不成个。破狗有两条，老婆无一个。对话唯傻鸟，鸟儿却沉默。回首想人生，犯过好多错。低头看眼前，唯有纸和墨。自己跟自己，是主亦是客，自己看自己，越看越落拓。画个破老头，模样还凑合。仔细一对照，原来是自个儿。自己画自己，这画能不破？

破也破得好，敢破才能破。伏羲破浑沦，一指开碧落。禅家破我执，当头须棒喝。梅破知春早，蛋破鸟出壳。云破日才出，石破天惊愕。一池温吞水，何为立功课！破了也，骄纵虚荣心，虚假造作心，顽钝愚昧心，低劣下贱心，贪心，嗔心，疑心，慢心……统统随流水，弃之如涕唾！

人在破中立，画在破中作。至法本无法，随机成点缀。一提能全起，哪有对和错。自己做得主，余者都是客。一个破老头，大卜全在这。他哭我也哭，他乐我也乐。自他本一体，两两照魂魄。

知错者不错，能破者不破。肯低者才高，入微者能摄。告之杜川兄，初破见成色。待到大破时，归家稳稳坐。

会 心 者

传记《小兵张嘎之父》写出来，几家出版社看过，态度忸怩。于是，我把书稿放起来，等。等机缘，等会心者。终于，一个偶然的机缘，这个人出现了。很年轻，很睿智，很淡泊，也很淡定。他恰好在出版社。我决定把书稿给他。

看了书稿，他说："似乎我一直在等，等了多少年，等的就是这部书稿。"

因此我感谢那些没有出这本书的人，是他们留机会给我们。

书稿交给他，等于把孩子交给了娘，他比我们疼书，比我们会疼，他能疼到地方。比如装帧设计、封面处理、章节联裰、语句斟酌、插图挑选、纸张效果，等等，他都能弄到恰恰好。在下也当编辑多年，以为够细了，结果还是不如他细。我把错校过，以为没错了，他还能校出错来。说他对书负责，不如说他是对自己负责。书是他，他是书，书和他是一不是二。他一点一点做，着急中有不着急，不着急中有着急。一本二十多万字的书他编了一年，他说，你能用两年的工夫写，我为什么不能用一年的工夫编呢？

他也讲效益，但他的效益是大的，是远的，是对世道人心有益的。每遇到好书，他都会不惜成本。他说："出版社就是出好书的，好书本身就已经是利了，且是大利，社会效益，世道人心，这是无形资产。无形资产看不见摸不着，但一切有形资产都从这里出。若没有无形资产，只讲有形资产，就可怕了。"他自己也是无形资产大于有形资产的人，他放弃过升迁机会，不看重大房子，没有买汽车，吃简单的饭，穿普通的衣。他信仰自己，以为房子够住就是大的，钱够花就是多的，身体好就是幸福的，心胸宽就是富有的。

于是拟副联给他："天得一地得一以清以正，凤能鸣钟能鸣唯雅唯幽。"

里头嵌有两个"一"两个"鸣"，因为他叫邓一鸣。

花事感

2016年3月26日，八位文友从老家河间启程，来石门欢喜地，自然欢喜莫名。惜只惜时间太短，来去匆匆，彼此未能尽畅情怀。事后打油一通，以抒胸臆。

春来好日并好风，花事消息满省城。
该是家家催桃李，当知处处夺眼瞳。
别人有花花自在，岂料眼前花也红。
无量喜涌欢喜地，骤然花树现雍容：
一朵一朵又一朵，一枝一枝又一枝，
一层一层又一层。
你自开口他自笑，谁说花儿无有声！
鲜活满树诗满树，随拈一枝也从容。
此乃老树也，几十年前老相识，

心依旧，花几重，干若龙鳞枝若铜。
相逢不问风霜事，风霜已在花事中。
人面桃花相视久，自信亦有他心通。
唯心与心能持久，数真与真相倾慕，
独光与光肯相容。
水流花谢人行远，回头仍念旧花丛。
先别说我是花枝，此事难瞒花间虫。
愧愧惶惶一茎草，低头岂见丁丁星。
当初谁顾开花者？上者日月下者风。
人不弃之唯自弃，自不弃之花才红。
非花也生开花意，只为不负侍花工。
花工已老花难老，难老之花也凋零。

人顷刻，花顷刻，不顷刻者唯真情。
众花是镜皆照我，照我白发重重生。
白发任他白，红花自是红。
面对春风休言老，只说新步初登程。
此乃新相识，新枝抱新红。
不见新花久，见之心亦惊。
曾经江南问梅树，又于山北访梧桐。
牡丹芍药都猜遍，还将莲花送小童。
何谓花事也？此乃愚人之蹭蹬。
梨花白，桃花红，玫瑰丁香气郁浓。
陶翁手把菊花笑，肥蓟尚能治肚疼。
花瓣飞升化作蝶，蝶落枝头与花重。
山前花事盛，岭后花事穷。
日光不到处，月亮也莫能。
花好月圆自古是，锦上添花是真情。
别说花在花蒂处，若无根柢色难成。

花事不与人事异，不在谋算在心灵。
人与花朵同醒寂，不信你问王阳明。
圣贤自知花解语，陌上花多缓缓行。
庭前花亮南泉眼，寻梅空忙行脚僧。
自从一睹桃花后，直到如今有证明。
青黄赤白莲花朵，竟是烦恼泥里生！
今日乃春日，春日花开日，
日日有花开，日日是春日。
只觉今日花开满，哪怕匆匆。
不愿匆匆，已经匆匆，
刹那刹那，眼前花已在西坪。
与花相见只一刻，譬如狭隙过疾骢。
飞鸟之翅未尝动，凡事在心不在形。
人生只在刹那里，谁知刹那是永恒！
借此祈愿众花树，自将根扎沃土中。

第四辑　花开月现

月是心，禅是花。

月在哪里？月在心间。

禅在哪里？禅也没离开心。

心之与禅，是一不是二。

月之与花，彼此也难分。

心开花即开，花开月即现。

反过来说也一样，月在花即在，花在心即在。

在不在，无他，在于能否观照。

无　事

觉如问我，什么是大事？他知道，他还问。我知道他知道，我也答。我说：“放在心上的事就是大事。”

世上本没有什么事，更没有大事、小事。是你把他当成了事才成了事，若不当事则不是事。

欢　喜

人心是朵花，欢喜时花就开了，总欢喜，花就总开，直到开成一个世界。

欢喜不是情绪。情绪不是花，情绪是花的害虫。

花好月圆

释文：

我与莲花同日生。

华 严 相

夜读《华严》，知道华严世界其实是大莲花状：“十方刹土，皆为大莲华之所含摄。”且此花重重无尽，大小互容。过去、现在、未来，亦可重叠与展开。空间和时间在这里全不是障碍。

花相庄严，此即华严相。

原来我们活在花里。

心 经

心经是花经。

花开时，即已经在谢，随开随谢，念念迁变，没有一刻不是它，也没有一刻是它。此即所谓“色不异空，空不异色；色即是空，空即是色”。

花是自己

花好看，但花不是开给谁看的。它若是开给谁看，它就不是花了。

花的好，是因为它的圆融、自在与从容。你看它与不看它，你赞美它与咒骂它却与它无关，它是自己的一个证明。正因为它证明了自己，所以别人来，它也能为别人做证明。

佛与花

阿弥陀佛是一个人，极乐世界是一朵花。

阿弥陀佛是什么样的人？觉者，光无量，智慧无量；寿无量，福德无量。

极乐世界是什么样的花？莲花，洁净，不染一尘。

禅是一枝花

释迦牟尼每每在灵鹫山说法，说法时天雨众妙花。释迦佛传禅时，即是随手拈住了正在飘落的一枝金波罗，他举起来，示于众人。众人默然，只有大迦叶会意而笑，于是释迦说："吾有正法眼藏，涅槃妙心，实相无相，微妙法门，不立文字，教外别传，付嘱摩诃迦叶。"

禅其实是一枝花。

2010 年，我随众到印度朝圣，在灵鹫山说法台，看到了好多好多的鲜花，是天上落下来的吗？不是，是朝礼佛陀的人敬献的，这些花来自心里。

禅是一枝花

释文：

世尊在灵山会上拈花示众，是时众皆默然，唯迦叶尊者破颜微笑。世尊曰：“我有正法眼藏，涅槃妙心，实相无相，微妙法门，不立文字，教外别传，付嘱摩诃迦叶。”

睹桃花而悟道

释文：

自从一睹桃花后，

至到如今更不疑。

花月万古

释文：

梅花雪月交光处，

楞严一笑。

一 株 花

禅门的一则公案：陆亘大夫与南泉禅师话语次。陆云：“肇法师道‘天地与我同根，万物与我一体’，也甚奇怪。”南泉指庭前花，召大夫云：“时人见此一株花，如梦相似。”

不知这陆大夫是谁，不知肇法师是谁，也不知南泉禅师是谁，我只见一株花在庭前开。

当年佛陀在灵山法会上传禅，手里也是拈着一枝花。那枝花是什么样的花，以致摩诃迦叶见了，莞尔而笑？

佛陀手上的那枝花，与南泉禅师庭前这枝花，是两枝，还是一枝？若是两枝，为什么同样千年不败？若是一枝，为什么一在手上，一在庭前？

如今就说这一株花。

我们每个人，其实都是一株花。或牡丹，或芍药，或蜡梅，或春桃，抑或芨芨草。这一株花开在梦里，也开在现实的风雨里。

有人有疑问问到我，我不知怎么回答，只把微笑给他。若是南泉禅师见了，该怎么说？

四大菩萨

菩萨为菩提萨埵的缩称，汉语的意思为“觉有情”，即自己觉悟了，也帮助众生觉悟。在中国有四大菩萨：文殊菩萨、普贤菩萨、观音菩萨和地藏菩萨，五台山、峨眉山、普陀山和九华山分别为他们的道场。

其实菩萨无数，四大菩萨代表了菩萨的四种精神，文殊菩萨代表智慧，般若化身，洞彻一切；普贤菩萨代表力量，知而践行，一切无碍；观音菩萨代表慈悲，救度苦难，不知间歇；地藏菩萨代表大愿，到最艰苦最黑暗的地方，打捞罪恶灵魂。

作为一个人来讲，须同时具备这四种菩萨精神，无论做什么，首先要有智慧，没有智慧，好事也会做坏。一旦明确了方向，具备了条件，就要有百折不回的力量，来达到目的。慈悲是不用说的了，在生活中，需以爱来化解一切，包容他人，拔人以苦，予人以乐。而地藏之大愿，对于我们来讲，则是清除自己沉潜在灵魂深处难以察觉的细微的罪恶念头。

七华座观

修净土有观想法。经上说："观想佛时，于七宝地上，作莲花想。令其莲华，一一叶上，作百宝色。有八万四千脉，一一脉上有八万四千光。华叶小者，纵广二百五十由旬。如是莲华，具有八万四千叶；一一叶间，各有百亿摩尼珠王以为映饰；一一摩尼珠，放千光明，其光如盖，七宝合成，遍覆地上。"这样想，这样想，于是就真的到了这样的境界里，庄严、洁净、美好。

化开的状态

《楞严经》载，月光童子修水观法，入定时身体化成了一泓清水。弟子调皮，将一瓦片投入水中。月光童子出定后，觉得心痛。知道了投瓦片之事后，他告诉弟子怎样把瓦片取出来。月光童子再入定时，弟子从满室清水中拣出瓦片，月光童子的心痛随即好了。

这里不说修行，只是感觉化开的状态真好。不是纯净到极致，专注到极致，则做不到这样。

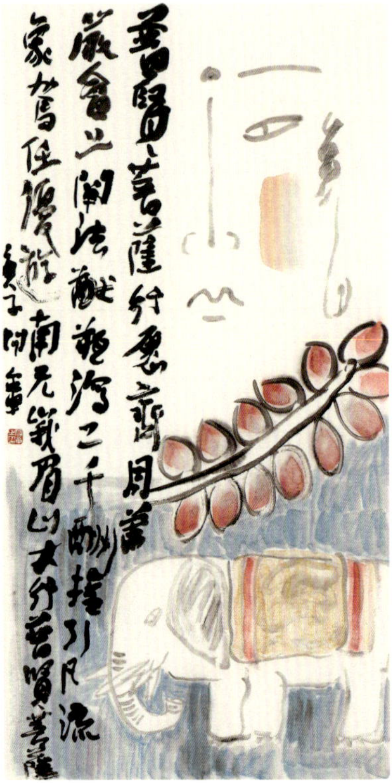

大行普贤菩萨

释文：

普贤菩萨，行愿齐周，华严会上阐法猷，瓶泻二千酬。接引凡流，象驾任优游。

南无峨眉山银色界大行普贤王菩萨！

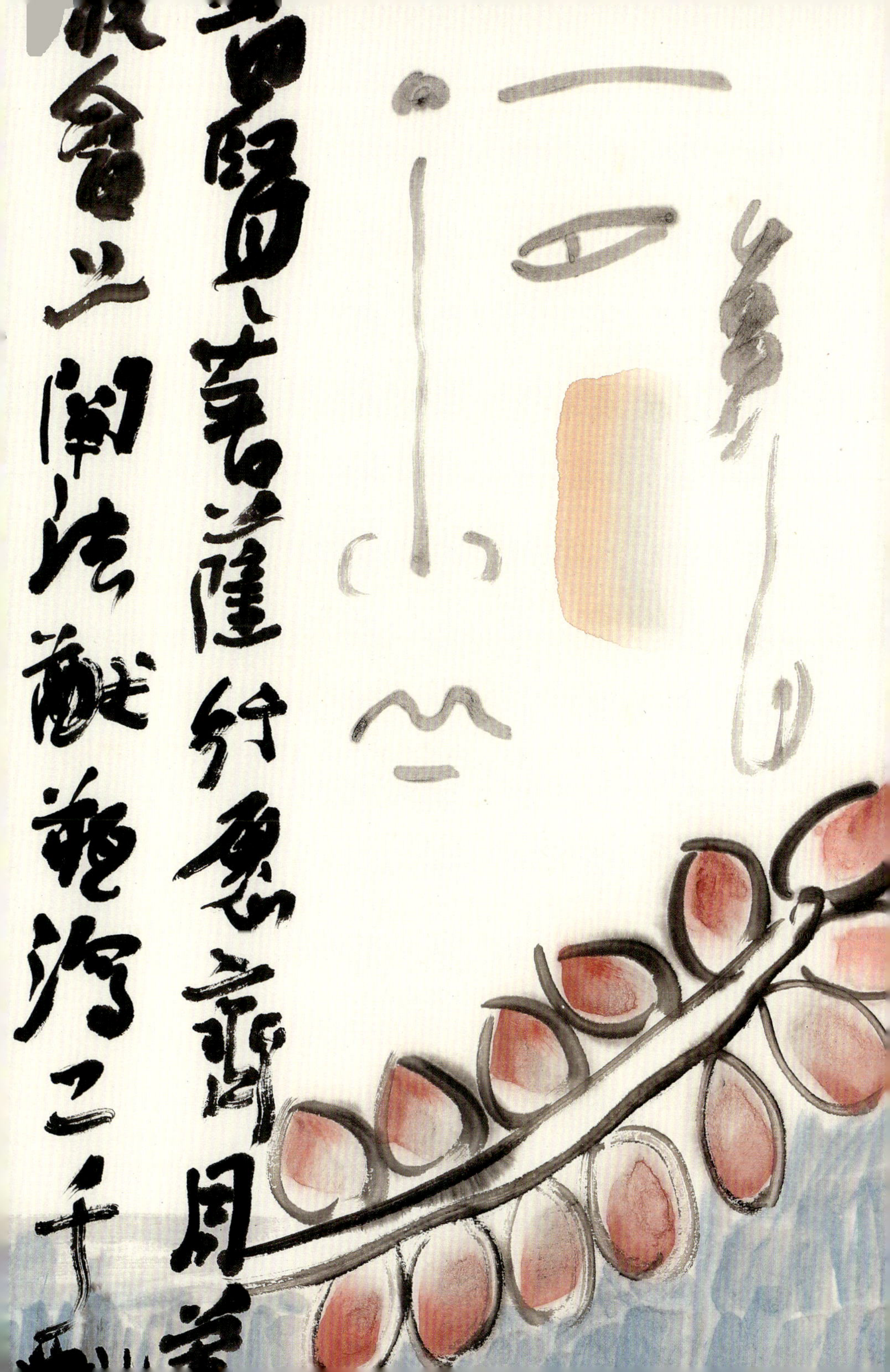
賢菩薩行愿

正常与超常

一位心理学家问净慧长老："佛法调心与心理学家调心有什么区别？"长老答道："心理学家调心是把人从不正常调到正常，佛家调心是把人从正常调到超常。"

何谓常人，常人知自他、男女、好坏、上下、善恶、生死等等。超常人则超越了这些，与万物没了对待，只觉得世界如一朵花。

桃花的力量

唐代灵云志勤禅师苦修三十年，心中块垒未除。一日在寺门外见到一枝桃花，遽然大悟，即唱偈道："三十年来寻剑客，几回落叶又抽枝。自从一见桃花后，直到如今更不疑。"

一枝桃花为什么有这么大的力量？

不是桃花有力量，是看桃花的人有力量。不是看桃花的人有力量，是看桃花的人的心有力量。天地之间纷然寂然，全因了这颗心，桃花不过是点燃这颗心的一个烛火。

无恙柏

邢台玉泉禅寺，除了山门外如月的泉池外，寺里还有三株唐柏：一株是茶柏，一株是鸟柏，一株是普通柏。茶柏的叶子可以当茶饮，让人想到赵州茶。鸟柏是说柏树上常有众鸟来集，柏树会把鸟的影子留下，如果解开柏树，木板上会见到鸟影。净慧长老为此撰联曰：

清清流水万家天地有情泉一眼，

霭霭浮云千载江山无恙柏三株。

2008 年 9 月中旬，净慧长老要在玉泉寺打一个禅七。借此机缘，我便去了。此前，曾为玉泉寺整理一本书稿，刘顺超说，稿子已经给了长老，由他老人家审定，因此需要见一见他。

刘顺超把我引领到五叶堂，老和尚端身正坐，有好多人围着他，都是来看望他并闻法喜的。我顶礼后，他让我坐到他的左首，静静看着我，听我说话。

大悲观世音菩萨

释文：

观音菩萨妙难酬，
清净庄严累劫修。
三十二应周尘刹，
百千万劫化阎浮。
瓶中甘露常遍洒，
手内杨柳不计秋。
千处祈求千处应，
苦海常作渡人舟。

与老和尚这样面对面，应是第一次。可是在我心中，他却早已是我的精神灯火。十多年前，在石家庄弘一佛堂的院子里，我远远地看着他那一袭袈裟，满面春风，觉得他应是天上的人物。我自惭形秽，不敢近前。

2004 年冬，老父亲去世，我到真际禅林超度先父亡灵。一位小师父告诉我说："你真有福气，正巧老和尚在这里，今天的法事由他来做。"这真是不可思议之因缘！

2007 年 9 月在真际禅林打七，也是他老人家主七，天天听他开示。最后一天，于静坐间，突然他下了座，他手持警策，轻轻走到大众中，从维那师那里开始，照着左肩，一人一板。"啪！啪！啪……"当板子打在我身上时，我禁不住涕泗横流。那一刻，我真的感到了心灵的净化。

今日我又来乎此，又要因他而得法财，沾法喜，获得福德资粮。我像是一只鸟飞来栖在鸟柏上吗？

我被安排在五叶堂前西厢，堂前有潇潇翠竹和曲折长廊。而打坐的般若堂就在前面，有小门相通。凌晨，到了该起床的时候，我就听到净慧老和尚隔了窗喊在东厢歇息的小侍者。那一声声压低了的声音，必须喊醒又不忍喊醒的情态，使我想到当年我的父亲喊我时。我每天是在这喊声里醒来，醒来之后，才知是谁在喊。我想到这七日禅修，不也是他在一声声呼喊我们从尘世的昏睡中醒来吗？

一天早饭后，天下起了小雨，甬道亮了，翠竹更翠。因读净慧长老的诗集《经窗禅韵》，受此激发，我也写了几首小诗。离坐禅还有一段时间，便把那几首小诗抄在纸上，放在衣袋里，到五叶堂来见净慧长老。他见了我，马上说："有什么给我看？"这真让我诧异，他是怎么知道我有东西让他看呢？

他看了我的诗，说不错的，只是平仄上还有问题。然后一句一句地给我指出不对的地方。我于古韵从来没闹明白，也不大写旧体诗，写的话也用新韵。他说："古韵也应该掌握起来，写就写得像样。改一下，不错的。"

禅七之后，我们离开玉泉禅寺，在山门外等车的时候，老和尚出来了。他向着我们合十，然后他上了一辆小车。

别处的事仍在等着他。

我想他也是一株柏，一株能当茶吃、能栖众鸟的禅心老柏。

一株无恙柏。

花照水，水映花

2018 年 6 月中旬，我们一行人背着行囊，从广州光孝寺徒步走到韶关南华寺，来谒见六祖真身。初次走，完全凭手机导航。走过来才发现，一开始走过的地方都带花，后来走过的地方都带水。

广州称花城，光孝寺附近有流花湖，下午出发，晚上至花城北郊，住进桃红旅社。第二天经花都区，沿芙蓉大道前行，不意中遇华严寺，华严即“花相庄严”之意，在此用午斋，之后过芙蓉嶂风景区，芙蓉嶂来历是方圆几十里山石皆呈芙蓉状。各景点也多以芙蓉命名：芙蓉峡、芙蓉峰及芙蓉别墅等，有一处水不叫芙蓉什么却叫桃花水母。天黑之后在昏暗中走到半夜来到清远市源潭镇住聚龙旅社，翌日醒来，发现旅社外面是一条江，之后沿着江边公路，走过了黎溪、连江口、沙口、大坑口、沙溪等村镇，到曹溪之南华寺，行程五百余里。虽说先是花，后是水，但在花时也有水，在水时也有花，一路花照水，水映花，到底水归曹溪，花放南华。

由于有六祖，曹溪成了禅宗的代名词，苏轼有诗曰："斫得龙光竹两竿，持归岭北万人看。竹中一滴曹溪水，涨起西江十八滩。"

雕　工

一人发一块木料，随意雕一个东西。有的雕了佛像，有的雕了罗汉，有的雕了头牛，有的则雕了个魔鬼。

为什么不一样？因为取舍不同。去了该去的，留下该留的，即是佛像了。去了不该去的，留了不该留的，就成别的东西。一旦成了别的东西，再想改成佛像则难了。

所以人生不得不慎。

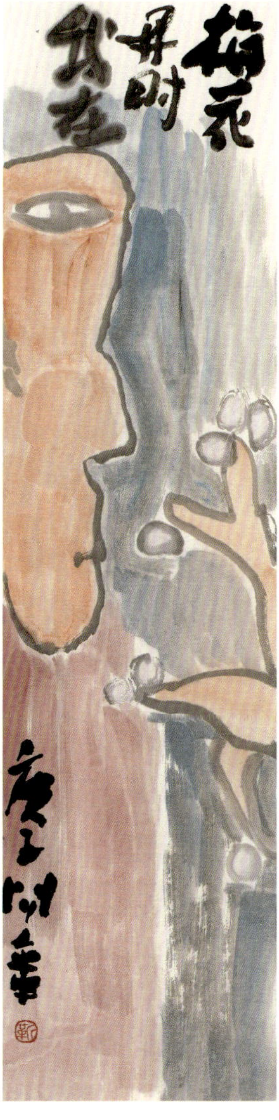

为花作证明

释文：

梅花开时我在。

大地的眼睛

2019 年夏到西藏的墨脱去行脚，翻越了雪山，穿越了丛林，该经历的都经历了，之后开始坐车。从墨脱到鲁朗的路上，车在一个镇上停下来。我们在街边跟一位门巴族老大妈说话，但彼此听不懂，只能相互笑。允如把一颗香蕉剥开，递给她吃。

不远处，有一朵贴着地的黄色小花在阳光下静静地开着，亮亮的，好像大地的一只眼睛。

莲花荷叶

《碧岩录》载，僧问智门禅师：“莲花未出水时如何？”禅师答：“莲花。”又问：“莲花出水后如何？”禅师答：“荷叶。”

这禅师，竟连莲花荷叶也不分。仔细一想，却也恰好。莲花、荷叶与莲藕，是一是二？有别无别？分开来，花是花，叶是叶，茎是茎，根是根。若往浑沦处看，则宇宙也是一花。所以总说：“一花一世界，一叶一如来。”

雕　塑

马树尧是雕塑家，一次为“禅宗法脉图”浮雕事宜，几个人一同去黄梅老祖寺。为更多了解禅宗，路上由我读诵《六祖坛经》，当读到“善塑”一节，车下高速。书上这样说：有蜀僧方辩谒师，师曰：“上人攻何事？”曰：“善塑。”师正色曰：“汝试塑看。”辩罔措。过数日，塑就真像，可高七寸，曲尽其妙。师笑曰：“汝善塑性，不解佛性。”

恰好读到这儿戛然而止，不由人不惊诧。契时契机，难道此一节是专门说给马树尧听的吗？“汝善塑性，不解佛性。”此千年之棒喝，竟能一时得着，也真是幸运。

六祖之外，还有一禅师也说到雕塑，即是曹洞宗的开山祖师曹山本寂。公案是这样的：一僧来参，说：“抱璞投师，请师雕琢。”曹山说：“不雕琢。”僧问：“为什么不雕琢？”曹山答道：“须知曹山好手。”

解塑性的人，知道雕塑的好。解佛性的人，知道不雕塑的好。

清　零

我有一个朋友，脾气大，动辄发脾气。但他有一个别人不及的地方，就是发过脾气之后，立即忘掉，他的情绪随时可清零。因他发脾气，别人还在生他的气呢，他又找人家说话去了。别人不理他，他也不生气。

我曾对他说：“你若不发脾气不是更好？”他说：“我也知道更好，但情绪来了，不由自己。”

其实能做到他这样也不容易。

清零是一个好办法。不但情绪应该清零，别的也须清零。包括人，包括事，好的、不好的，都要清零。有人说，不好的清零也就是了，好的为什么也要清零？

你看胃囊、大肠，吃了再好的东西也一点儿不留，该吸收吸收，该排泄排泄。留下来，即是病。好的东西吸收就是了，吸收之后化成自己的品格。

铁皮石斛

石斛是什么？铁皮石斛又是什么？之前不知道。及到知道之后，我在雁荡山看到那么多那么多的石斛，开着好看的花。心想，若是早知道，就不会闹笑话了。

有人送我一精致的盒子，我问是什么，他说回去打开看。回去打开看了：两小捆茅草根样的东西，曰中草药“铁皮石斛”。中草药对我来说，意义不大。药再好，也不如不病。出于好奇，撅下一小节放在嘴里尝了尝，以为是苦的，结果不苦，微甘，有一点儿黏。但也不敢再吃。

正好这天有朋友请吃饭，遂把此物带去，此物很鲜，说不定炒菜能用得上呢。

但朋友也不识，这时另一位朋友见了，即惊道：“呀，这东西好贵呢！好的要一两万一斤！”

当时即想，亏了拿了来，不然的话，放上几天石斛就会烂掉，它的最终归宿即是垃圾桶。一盒珍贵的东西即被我糟践了。问题在于，糟践了它，也并不认为是糟践。因为无知。无知太可怕了，错了不知是错，对了也不知是对。对错都在懵懂中。

一盒石斛也就罢了，谁知道我糟践过别的更珍贵的东西没有呢！东西也就罢了，我糟践过比东西更珍贵的吗？比如人，如果一个非常值得信赖、非常有价值的人，被我忽略了呢？这损失不就大了吗？再想，自己呢？自己是什么？佛教中说一切众生是佛，孟子曰人皆可以为尧舜，我即众生，我即人，那么我是不是把自己也糟践了呢？是不是把自己当成了挣钱的工具？是不是把自己当成了欲望的奴隶？哎呀，该是把自己糟践了也不知呀！这么一想，感到很可怕。

好书如花

马明博是作家，更是禅者。他出了很多书，每本有每本的好。

这次这本《禅的滋味》，却又不同。

作家与禅者区别在哪儿？我说不来，只能猜一下。作家写书，是自己之外，还有书这件事，他是在完成什么。禅者不然，于禅者来说，写书只是修行的一种方式，是借文字来观照自己。

马明博原来的写作方式，好比行脚，他背着行囊在前头走，读者跟着进入某个境界，或见识某个人物，或听取某个故事，或领悟某个道理，或深或浅，或多或少，如赵州和尚的“吃茶去”，各个得各个的。《禅的滋味》则是改了引领的方式，改打坐了，他在他那儿，我在我这儿，一下子歇下来。如《金刚经》说：“饭食讫，收衣钵，洗足已，敷座而坐。”不说了，

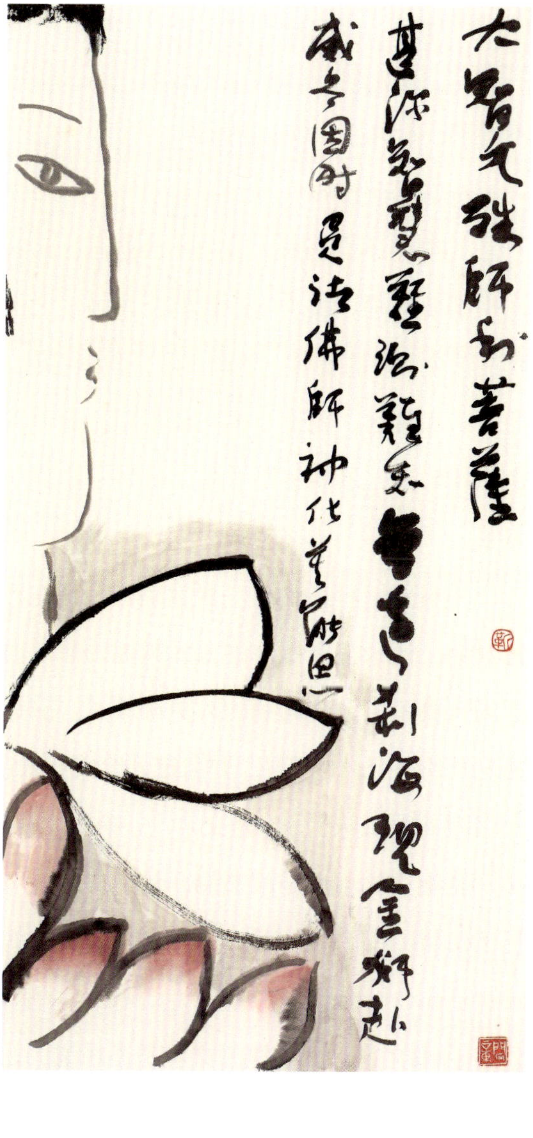

大智文殊师利菩萨

释文：

甚深智慧难测难知，无边刹海现金狮，赴威各因时，是诸佛师，神化莫能思。

不看了，不讲了，却也开始了。

先说马明博的画。

马明博不会画画，我也不会画画。但我俩每次见面，却几乎都要画画。戊子年，我们合作画《天下丰年》，灰的小鼠在钻金黄色的谷垛。他画小鼠，我画谷垛。我夸小鼠机灵，他赞谷垛雍容；我讲小鼠一丝不苟，他说谷垛绳墨不拘。此事似在昨日，不想又是子年，他是子年得子，儿子已经十二岁了。

一开始，他的画是一种自信。到现在，他的画依然是那份自信。他一直在用他的方式画他的想法。他的画，不会画画的人画不了，会画画的人更画不了。因为他不是画的画，而是画的理念，是符号，是象征，比大写意还大写意。

《禅的滋味》一半是文字，一半是画。这些画是配文的，又不是配文的。说是配文的，是与文字在一起，可以相互衬托和映照。说不是配文的，而是文字有文字的好，画有画的好，谁也不能替代谁。

再说文字。马明博的文字是不用说的，他的文字向来透彻。但这次不仅仅是透彻，而是圆通，是安住。我读它，只能一篇一篇地读，也不是一篇一篇地读，而是读一篇，停下来，不能接着读，得有回味的工夫。再读，再回味。回味来回味去，得了个什么？说得了个什么即已经错了，说没得着什么也已经错了。为什么我说是打坐？打坐即如此，原地不动，却有着无限远或者无限深。

其实细究文字，却也没有什么，有些道理也是知道的。他是在讲道理，却也没着意讲，若着意讲，反而不好。他的讲法很独特，每一篇的题目与内文、内文与内文、内文与道理，此中很讲究。如诗的兴，如画的留白，中间是有跳跃的，或者是错开着的，如京戏的唱，真唱得好的，恰是在谱上又似乎不在谱上，说不在谱上却也从来没有离开谱。

《禅的滋味》果然有滋味，但禅的滋味却是不可说。还是史国良先生在此书的序里说得好：“我觉得这本书，可以读一会儿，也可以读一生。”这也如看花，好花年年看，年年看不完。

微 笑

崇延法师出家未久，一个人负责重建老祖寺。整日泥里水里跟施工队打交道，心想禅僧难道是这样的吗？一日苦着脸问师父净慧长老：“什么是禅？”

长老答道：“微笑是禅。”

自此凡有闲暇，崇延法师就跪在弥勒像前学微笑。这样两年半。

崇延法师会笑了，不是会了，他不用笑，那笑是从心里漾出来，洁净、纯粹、庄严。

老祖寺山门楹联乃净慧长老所拟，道是：“奇峰绕寺莲千瓣，宝镜当门水一池。”千瓣莲似的青山，该是和尚崇延的微笑。

放　下

黑氏梵志左手拿着合欢花，右手拿着梧桐花来供养佛。佛陀说："放下吧。"梵志放下左手一株花。佛陀又说："放下吧。"梵志又放下右手一株花。佛陀还说："放下吧。"梵志说："世尊，我今两手皆空，叫我放下个什么？"佛说："我不是叫你放下花，你当放下外六尘、内六根、中六识。一时舍却，无可舍处，是你免生死处。"梵志言下大悟。

别人都是让人拿起来的，唯有佛陀让人放下。

钟馗与菖蒲

端午画事以菖蒲、钟馗为题，用心深矣：全球疫情犹炽，人命堪忧，端阳风俗本在驱邪避鬼、禳灾祈福，菖蒲在，邪气难侵；钟馗来，鬼魅觳觫。

鬼魅为邪气所聚，阴暗心、狡诈心、狭隘心、恐惧心、狂心、妄心、贪心……均为鬼窟；钟馗乃正气之化身，持无邪剑，破魍魉门，闻鬼即趋，见鬼即啖，无鬼则喜，所以人人爱其志而乐其形貌。以此观之，则人人可成鬼魅，亦人人做得钟馗。除鬼无他，思无邪，鬼魅绝，信夫？

钟馗辨花图

释文：

魔鬼难逃眼，

花妖易瞒人。

花 开 时 刻

对于花株来说，开花是一件特别大的事。因为只有花开了，花才是花。若是不开，则枉为花一场。

在此之前，根、茎、叶的所有努力，都是为了这一刻。这一刻是花的，也是宇宙的。为什么？因为花本身即是一宇宙，或者说，宇宙也是一朵花。花开那一刻，即与宇宙浑化为一体了。

待虫法

泊头老友田宝春说院里的柿树屡遭虫噬，百般较量，终于把树头截去。闻之复他：

人喜欢，虫也喜欢，人却不喜欢虫喜欢，遂不让虫喜欢，设手段驱之杀之，虫虽小，竟万死不惧，前赴后继，伏尸河沙，终致柿之非柿，终成虫之独乐园。噫！人之谋，不足以制虫也。虽杀树头，又能奈何？

殊不知非柔不能制柔，待新树冠出，不妨以柔善待之。有虫蚀，莫生杀心，虫自知趣，或不再增殖，或翌年不再来。树与稼禾有大小年者，类此。

不妨一试。

一苇可渡

浩浩大江，非舟楫不能渡。达摩祖师脚下无船，正好有一枝芦苇，便踏上渡了过来。船是船，芦苇也是船。我们不把芦苇当船，是信不及。达摩信得及，因此船是船，非船也是船。即便没有芦苇，踩着水面也一样渡。

此图精妙，借此可见祖师面目，亦可见祖师心意。右下角有文字："蒲州尚善厢信人范学克兴教厢信人郭守志同施。"信人，这叫法真好。

自从达摩西来，学人几乎都在问："何为祖师西来意？"禅门中诸多公案，其实都在回答。无他，唯一信字也。信者脚下便有船，有渡水法。

偈颂曰："达摩西来一事无，全凭心意用功夫。若要纸上寻佛法，笔尖蘸干洞庭湖。"

应藏者信人林凡之嘱，书此以献。

古苍蝇

弘一法师整理日本古版经书时，发现一只风干的夹扁了的苍蝇。弘一法师用一张玻璃纸，套在长方形的纸板上，制成精致的镜框，把苍蝇粘在正中，画上红线框住，题款“瑞穗国古苍蝇”，盖上“弘一”小印，郑重送人。

这即是弘一法师，对苍生与对苍蝇无二无别，慈悲、庄严若此。

道是心常平

2020年早春，一场疫事，让人领略了何谓“一翳飞而蔽天，一尘堕而覆地！”

时有潘学聪，接连俩月，于初日分、中日分及后日分，将真心托于豪素，全文抄写《金刚经》，为大众禳灾、祈福。

《金刚经》云，书写、受持、读诵、为人解说此经者，有莫大功德。何以故？因为此经具大般若，用无言之言，说无相之相，闻之可得无得之得，即以“金刚”之坚固，破万劫之虚幻，到底能使人改宇宙观，灭颠倒想。

古人传法方式，唯有写经。而中国写经用毛笔，当佛法遇到书法，顿成奇观。亘古亘今之传法史并书法史，名家之墨在在多有。即便非名家之墨，如“敦煌写经”等，亦属世上稀珍。

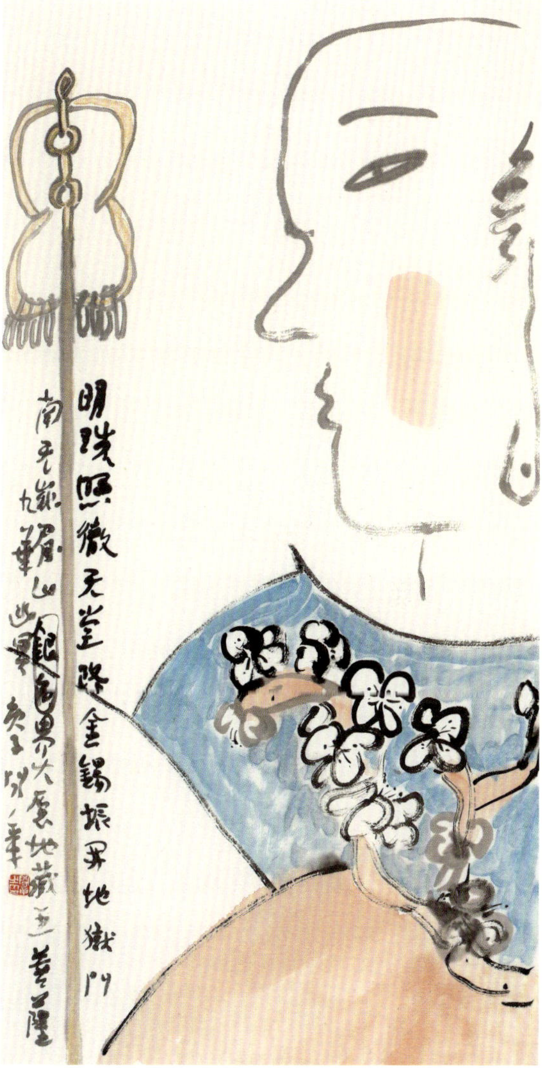

大愿地藏王菩萨

释文：

明珠照彻天堂路，

金锡振开地狱门。

南无九华山幽冥界

大愿地藏王菩萨！

为什么写经的偏偏是潘学聪？

潘学聪，字平人。此字乃其业师黄绮先生所取，究其字义，学聪讲：“无他，平常人而已。”他之“平常”即平凡。思之果然，学聪其人，乏心术，少乖巧，内厚外憨，即便相貌亦属平平，谓之平常人不也契切？其实“平常”二字不是这样讲，当初赵州曾问其师南泉：“如何是道？”师曰：“平常心是道。”赵州问：“还可趋向否？”师曰：“拟向即乖。”是连半个心眼也不用动，一动就错了。“平常”之正解在此！谁知黄绮先生取字时心窍何等，其于爱徒，如果不只是赞其平实，恐更具大期许耳！

真谛之“平常”与俗谛之“平常”并非一平常，“平”是心，“常”是定，恒久不变之平心乃真道体。世界乖离，盖在人心不平。人心若平，世界晏然，其有杀戮哉？其有瘟疫哉？其有灾难哉？《金刚经》所谓“应无所住而生其心”，即是在说没有拣择、没有趋向之平心，具此“平心”者方可称“平人”，平人兄可知耶？

平人兄不用知，恰是他在做。自知不乖巧，所以不卖弄，自知无能，所以不逞能，本分人做本分事，此恰是平人之平心。不逞能恰是人之难能，难能而能，不亦非常人乎？用《金刚经》句式来说，即是“说平人者，即非平人，是名平人”。

在赵县柏林禅寺，悬有“平常心是道”横额，从右到左读。有人却从左到右，读成“道是心常平”，错了，却也恰成注解。且此注解，是连《金刚经》也能说着。

平人兄潘学聪所书《金刚经》付梓，嘱我纵我，要我说。我能说什么？以上言句，不过是在逞能。逞能的不算，最后只好请牛头法融禅师来说：“恰恰用心时，恰恰无心用。曲谭名相劳，直说无繁重。无心恰恰用，常用恰恰无。今说无心处，不与有心殊。”

眼　界

看人钓鱼，每叹鱼儿眼界窄，那么宽一条河，哪里不能活命？偏去贪那小小鱼饵！

后来发现，人也跟鱼儿一样，往往舍不下眼前利，有好多人是被眼前利毁了的。

禅师参禅，不过是把小饵扩大了参：肉屑是饵，名利是不是饵？亲情是不是饵？肉体生命是不是饵？把这个参透了，就有了智慧，就获得了本质性命的自由。

唐代僧人神赞开悟之后，他的本师还没开悟。这天本师坐在窗前看经，恰有一只蜂误入僧室，不断撞击窗纸，想飞出室外。神赞见状说："世界如许广阔不肯出，钻他故纸驴年去！"本师听了，把经书放下，愣了。神赞遂说偈道："空门不肯出，投窗也大痴。百年钻故纸，何日出头时？"

没想到连佛经也是饵！

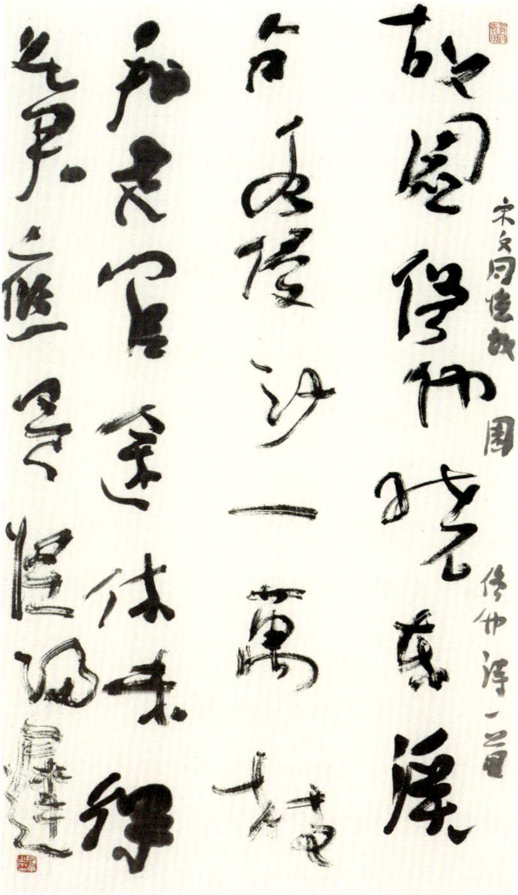

《忽忆故园修竹因作此诗》（宋）文同

释文：

故园修竹绕东溪，占水侵沙一万枝。

我走官途休未得，此君应是怪归迟。

当刀法遇到佛法

俊邑兄是个力量型的人，因为他能侵入。当然他不用毛瑟枪，而是用毛锥，很软的那种。靠着这种“软实力”，他将书法、绘画，且顺带着还将诗文都弄得很有意思。好多书，我是不买的了，但见了俊邑兄的书，还是要买，因为舍不得不买。这就是侵入的效果。当然，俊邑兄也用刀，刻刀，他还能篆刻。不是能篆刻，而是刻得好。我喜欢他的篆刻甚至超过喜欢他的画。

终于修炼到今天，笔法、刀法甚至包括活法都到了一个关捩点上，这时候俊邑兄读过的诸多经典也如春日草芽，争相拱动。所谓书到用时，即指此刻。这其中当然有《心经》。《心经》他已经无数遍地读诵过了，也曾经将其中句子篆刻成印。但是从来没有像现在这样，渴望重新领略《心经》奥义，领略的方式，除了读诵，还有就是郑重其事地把《心经》金句刊于石上，成就一册印谱。目的说不定恰在过程当中。

这是个大事情。所有的篆刻在他那里都不是事，但《心经》是。为什么是？就因为是《心经》。

玄奘当年，只身向西，命悬一线，每每逢凶化吉，靠的就是这部经。所以他翻译的文本，最简净也最契国人心思。它传递的是般若之智，不可说之微妙玄旨，靠了能会意无邪思之汉字，妙文妙义妙音声，自然而然，上合诸佛心印，下化众生迷冥。哪怕诵得一句“观自在菩萨”，便也会从浑蒙之中照见自身之庄严相。所以是大事者，缘此。

我猜想俊邑兄篆刻《心经》金句时的状态，必定是如临大宾，如承大祭，敦然而恭，肃然而敬，但同时，却也意态从容，视刀如无物，只将心思游走于石上，冲切出入之间，阴纹阳线，随意流布，我们见到的这些，是刀法，亦是道法，此乃心灵之迹，摸得着看得见的是这个，摸不着看不见也是这个。正如《心经》所说：“色不异空，空不异色；色即是空，空即是色。”透过有形，洞见无形，有形无形，不一不异。借助的是形而下，表现的是形而上。不只篆刻，绘画书法，亦复如是。

因此，俊邑兄用眼耳鼻舌身意，刻“无眼耳鼻舌身意”，借五蕴之用刻“五蕴皆空”，也就必须是了，或者必然是了。刀法我不懂，章法我也不懂，但我读这些印，却在愉悦里。线条是活的，布局是活的，是自在的，里头处处有观照。能观能照是因为有警醒，有着一提全起的企求与明晰，这些觉性，都在人文蕴藉里头，当然更在心性里头。

聪慧如俊邑兄，对于艺术，一向有着佝偻承蜩般的执着，且也有着轮扁斫轮般的灵动，毛锥与刻刀，在他这里，早已成为意趣。他只是向往更高，更得心应手。意向有了吗？当然，不信你读：“是诸法空相……无智亦无得，以无所得故，菩提萨埵……”

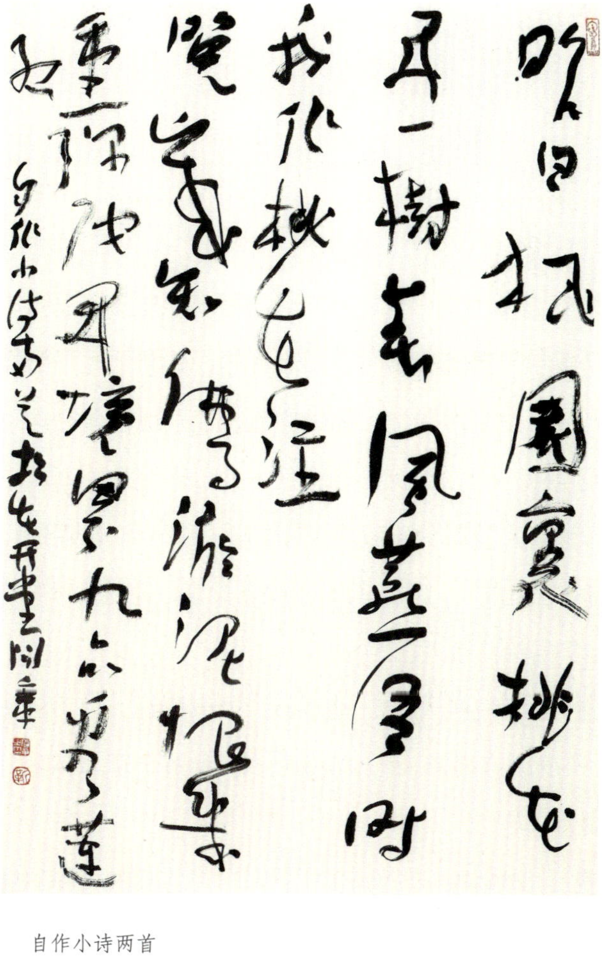

自作小诗两首

释文：

昨日桃园里，桃花开一树。春风燕语时，我作桃花注。

晚岁知佛事，淤泥恨几重。弥陀开境界，九品看莲红。

以手指月

2005年3月的一天，我与张志军闲坐吃茶。这张志军，修禅已数年，曾经喧嚣的心归入沉静，感知到的是明净和灵动。我们曾是大学同学，那时的他一般；我们曾是同事，在一起编刊物，那时的他也一般；后来他悟入禅法，只几年工夫，便不一般了。我跟他说我老父亲，试想用禅法来观照，可以写一部书。他说：“必须写，不仅老父亲，而且还可写别人，把身边禅写给身边人。”

然而，我心存疑虑。他说：“如你所说，道不可言，但还有一句：因言显道。譬如以手指月，手指非月，但不因手指，则不见月。”

我：“即此是，也得有前提：须知月之所在，然后才能指。你多年参修，下了些工夫，自然你能够‘因言显道’。我乃凡夫，不开口时，已在错着，及到开口就更错了。”

他：“知错，就已经是对了。我让你写，因为懂你。你虽嘴上不谈佛法，但不一定不懂佛法。佛法是什么？佛法也是世间法。什么是禅？无非吃饭时吃饭，睡觉时睡觉，关键在心。”

我：“是否可以这样理解，人在世间，烦恼多多。烦时心烦，恼时心恼。心若不烦，哪里有烦？心若不恼，谁能恼我？正如孔子夸颜回：‘人不堪其忧，回也不改其乐。’”

他：“不错不错，佛说人人有佛性，只因颠倒妄想遮蔽住了。若是心灵敞开，自然无烦无恼。无烦无恼，心灵澄净，自然也就近道了。”

我：“那倒可以一试，就写人间事，就事论心。只是担心，谬言误人。”

他：“关键在于发心，若是教人为善，哪能有错？古人言：‘运用之妙，存乎一心。’你直管完成自己就是了。”

于是我便写了《身边禅》一书。

映月牧心

禅是禅，禅也可以是画；画是画，但画却不是禅。也不一定，只是分时候。什么时候画是禅呢？当把画画到没法说的时候，大概就是了。

“桃园里文化公司”兴心，邀约些有缘人，做一场活动，题目叫“映月牧心”，一看即知，是想把活动纳入方向里。何谓方向？高即是，美即是，纯粹即是。

此是禅吗？禅本无名，叫禅就已经错了。只能就事论事，说绘画。此次绘画有主题，即与月与心有关。且月也不是天上那轮月，心也不是胸腔那颗心，虽然不是，却也不异。

自古绘画，曰：“画者文之极也。”文是什么？文是文字吗？是文章吗？不是，是文心。文心是什么心？即恭敬心、纯粹心。文心之外化，即笔墨。文心之内敛，也敛在笔墨里。笔墨里有没有方向，看有没有文心。有文心的笔墨是笔墨，没有文心的笔墨不是笔墨。

心是个说不尽的，所以笔墨说不尽，凡用心到极处的东西都说不尽。

让我说，我说不来；不让我说，且也说了这么多。

此非前言，亦非后语，你道是个什么？

请听禅家一偈：

空手把锄头，步行骑水牛。

人在桥上走，桥流水不流。

走到莲花开

文殊师利菩萨，震旦西北有缘。
气作清凉之界，山呈五瓣之莲。
日日都在说法，度众无量无边。
佛说妙境不虚，此典见于《华严》。

古来多少智者，行脚来朝五台。
不远千里万里，只愿般若花开。
今日是何日兮？上天作此安排。
一十八位行者，拄杖走出尘埃。

太行东麓起香，须翻百岳千梁。
时间正自酷暑，再赠一轮骄阳。
水瓶倾尽湖海，浑身汗洗如浆。
莫非莲藕在处，必须漾漾汤汤。

达摩与花

总有不知足时，此时难忘双足。
大泡连着小泡，甚至血肉模糊。
一步仅成半步，半步亦作踯躅。
此心安住当下，才是要紧功夫。

突然风狂雨骤，正巧夜幕四合。
衣飞几成鹏鸟，闪电化作龙蛇。
别说风恶雨恶，恰是慈婆悲婆。
厉厉威严若此，莫非护法韦陀。

山道旋了再旋，全凭一根木杆。
杆头云蒸霞蔚，可惜不见神仙。
突然峰回路转，云铎响在山巅。
遇到法师指路，看他旱地栽莲。

一日行程百里，入夜还在山巅。
远处光明突现，情景恰似西天。

终于笃笃挨到，刹那化为云烟。
两边喧嚣涧水，四面暗夜如磐。
高山威猛似虎，大地沉寂若船。
算定弓折箭断，岂料灯尽烛燃。
死时恰是生时，生死只在瞬间。

行程区区五百，磨短拄杖若干。
眼见妙高峰近，回首默默无言。
文殊菩萨安在？当在何处说禅？
峰岭高处红顶，红顶之上紫幡。
紫幡之上白云，白云之上蓝天。
蓝天之上飞鸟，飞鸟驮着虚玄。
白马也在山顶，姿态翩翩闲闲。
坡上坡下山花，寺前寺后山泉。
一位游僧走来，微笑即是语言。
云作广长舌相，峰化千瓣之莲。
文殊行脚去了，留下般若好参。

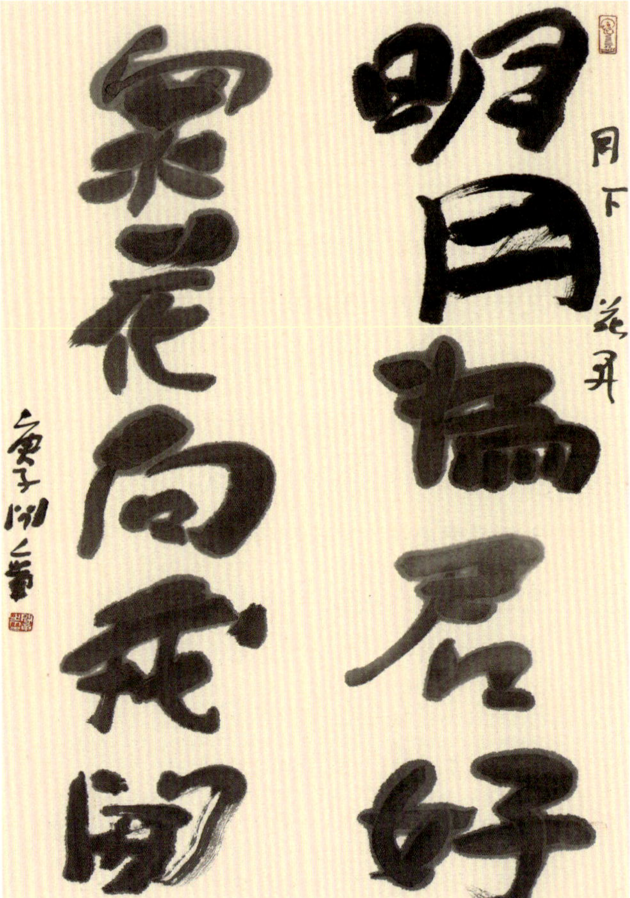

明月众花联

释文：

明月为君好，众花向我开。

兼葭画馆“月下花开”画展后记

关于绘画，我曾经写过几本书，都是借画家说话，东说西说，这样那样，似乎我很懂。

那么好了，闻章先生，“请君入瓮”吧。这时候我才知道何谓脚瘦草鞋宽，但已经晚了。

说什么呢？我不说了。自己扇自己耳光，一声响亮之后，教训是有的。不会即是不会，用不着装会。原来我都在装，这次依旧在装，什么时候不装了，也许就真的会了。

但是要感谢，是他们让我现原形，没有比让自己看到自己的本来面目更有意义的事了，有意义也有意思，哪怕丑陋。感谢谁呢？他，他，他，还有您，很多很多位，非师即友，具体是谁，无须一一开列，我深深记在心里。

却不得无诗，讽曰：

我心何寄？唯月与花。

非画之画，愧及蒹葭。

附　独享芬芳

伯乐一言，马含热泪。

伯乐一鞭，马力十倍。

徐老眼中的闻章

——摘自 1992 年至 2002 年徐光耀日记

1992 年元月 5 日，收到闻章小说集《永恒星座》，是“河北当代作家小说丛书”之一，此本，或许是此丛书中数一数二之作吧？

1992 年 2 月 1 日，昨今，读了闻章两个短篇，有才，敏锐，是文学的来头。可惜路子不太正，受西方影响，竟奇而漂浮，不拿正眼看人生，游戏态度，油滑习气，终是违背我们的民族和文化传统的。跟着年龄的增长，阅历的加多，对人生意义体味得更深，或有改进的吧？

1992 年 2 月 15 日，他运用《易》算卦，也颇有成绩。此人十分聪明，将来还很可能放射异彩的。

1993 年 2 月 14 日，晚上，闻章来，坐论现世学禅之学，总之，一切超脱，无执而已。有钱也要，但又不当钱；有官

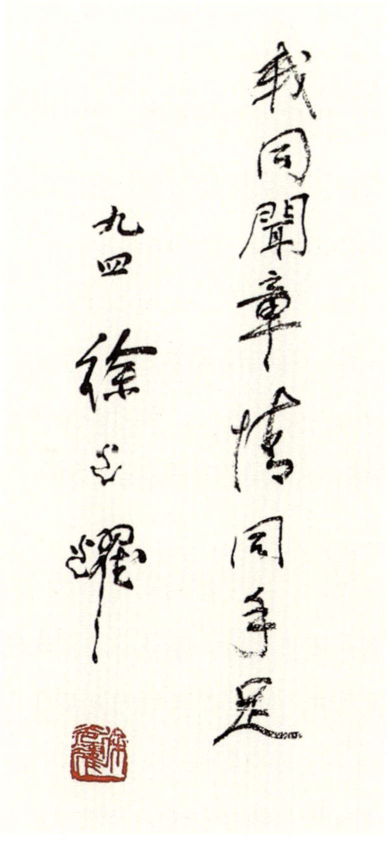

徐光耀先生赠言

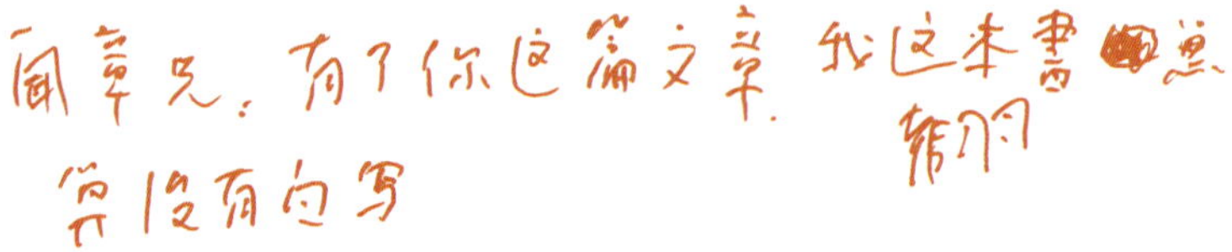
闻章兄：有了你这篇文章，我这本书总算没有白写
韩羽

韩羽先生留言

也要，但又不当官。一切皆是过程，人生无不辉煌，也无不空空而已……结友不须多，投机而已。

1993 年 10 月 30 日，闻章来，他写了关于我的三篇文章，都是散文。我读着，忽觉他写的才是真散文。而我写的，只是记叙文。他只是拿我做题目，写的都是他的发现、感触、哲思、独有的情绪。这才是散文的正宗。然而，我若学成这样，尚需花很大工夫。

1994 年 6 月 7 日，晚上把闻章的中篇《荒井》读起来。原来以为很难啃，读开之后，颇觉有趣。他是在为失去根基的公社制再敲丧钟的。而有些极左的人及既得利益者总是怀念那时的好日月，行文颇有特色，只是文字上还不太干净简洁。

1995 年 7 月 8 日，闻章在《青春岁月》上写的一篇《韩

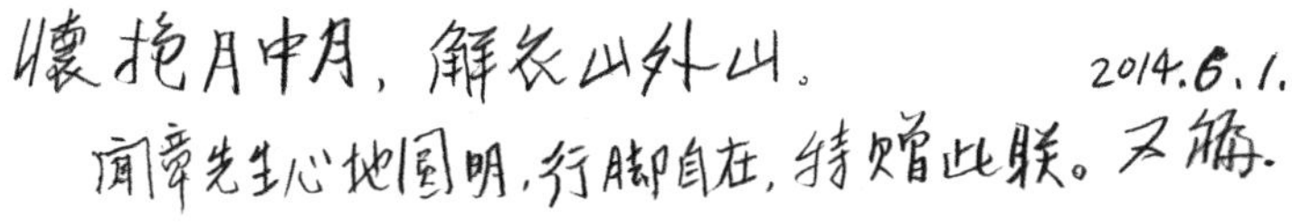

贾又福先生赠联

羽三奇》，相当有味道。

1997年2月5日，把给闻章写的条幅留在醉墨轩，请给绫裱。

1997年3月17日，上午，读一阵闻章寄来的《河北农民报》，此报颇有特色，很不易办成这样……此报，真值得研究一下，写篇小文章加以鼓吹、表扬。

1997年8月9日，闻章已升任副总编，是投票中选的，得票很多。他说，他很需要一个能把握农民报特色及风格的好编辑。

1998年6月7日，文物市场碰到闻章。他送我《周易趣读》，晚上读了三章，果然写得不错，很放得开，很自由，也相当有趣。但不浅薄，能给人不少启发，就算是《易》的启蒙读物，亦很难得。我真未料到闻章于《易》有如此深厚修养。8日，插空读了闻章的《周易趣读》，果然很有趣。他用文艺手法，自由驰骋着想象，把形象、幽默、妙趣和深奥哲理结合起来，观点正确，催人振奋向上，是不易得的通俗读物，很可贵。

2000年10月17日，上午、晚上，有空时读闻章的《老子趣读》，他的第八章，谈水的个性，实在是一篇绝美而深刻的散文，这样的文章甚至应该进入中学课本。第九章也写得很有味道。

2001年8月29日晚上8点，闻章带一书家来，送来他们写的字。闻章写的是中堂，字写得非常好，极有韵味、张力，像个真的书法家激情之作，闻章其人太聪明了。书家的对联，近似曹全碑，竟大不如闻章所写。可见素养何等重要。

2002年8月1日……闻章则送我两纸他近日写的毛笔字。其一文曰：幽松有寿，静水无痕。其二是：八一再听鼙鼓，七十初洗温泉。闻章用了六方印，不知何人所刻。他的首联八字，写得实优美、潇洒，有除尘之效，很有味道。

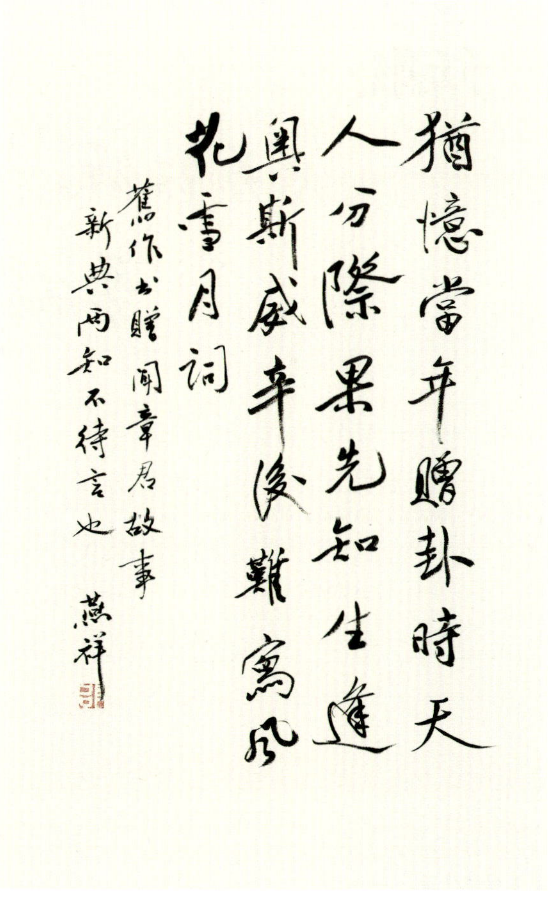

邵燕祥先生赠诗

粗讀闻章先生为文，深感倚馬万言之妙筆，非凡俗之所能。

不另致颂。

贾又福
2017.
4.30.

贾又福先生信

谷律师好：請代轉拙文致周宗先生。（待其定稿，烦再寄一份给我备用。）

巽风吹来君之妙文，余心“首契乾衷”。

由之，有兴再絮叨几句：

唐·朱景玄《唐朝名画录》有云：“画者圣也，盖以穷天地之不至，显日明之不照”，何也？夫画乃圣事，神明、圣明之事也，心灵之光辉内烁，托举出天地不至，日月不照之灵境。心光何也？心摄造化而生灵光也。宋，王重阳道祖（全真道祖）曰：“先天若无后天，何以招摄？后天不得先天，岂能变通？”即是说“先天”得“后天”感召住持而独立，“后天”得“先天”而妙悟以通灵。非独一“先天”，或独一“后天”所能到也。故天地不至、日月不照，唯沐於人的心灯，方可至可照。亦非天地万有之物象，或日月辉下之物影。方可谓：日、月，天、地，人心，合而化之，曰：圣事、圣明之事、真画求之。

2018.17，又福 时年近耄。

贾又福先生信